Calbee

カルビー お客様相談室

クレーム客をファンに変える仕組み

カルビーお客様相談室［著］

日本実業出版社

はじめに

「わが社はいつもお客様の立場に立って考えています」
「何よりも顧客満足度を大切にしています」

よく耳にする言葉ではありませんか。

しかし、このような経営理念やスローガンを掲げていても、知らず知らずのうちに企業の立場や論理で物事を考える「企業寄りの思考」になってしまうことがあります。

それは、企業の不祥事が発覚したときなどに、より顕著になります。食品業界でいえば産地偽装や異物混入などへの企業の対応が、その典型例ではないでしょうか。

「お客様のことを最優先に考えて、対応にあたっています」

そういいながらも、自社の保身に走ったコメントやいい訳をしてしまい、多くのお客様から「誠意がない」と思われたり、かえって火に油を注いでしまったりと、状況が悪化してしまうのです。

企業の立場からすれば、こうした事故や不祥事を引き起こさぬように努めるのは当然のこととはいえ、予期せぬ事態に遭遇して消費者からクレームを受けたり、世間から非難されたりするというリスクは常につきまといます。

これは食品メーカーに限ったことではありませんが、いわゆる高度経済成長期には、商品をつくればつくるだけ売れる時代が長く続きました。そのため、誤解を恐れずにいえば、消費者よりもメーカーのほうが強い立場にあったのかもしれません。

しかし、成熟社会となった現在では、いくらよい商品をつくっても売れなかったり、人口減少で国内市場における競争が激化したことによって、その立場は逆転しました。お客様や社会の企業に対する目が、以前にも増して、厳しくなっています。

それにもかかわらず、自戒を込めていえば、多くの企業がお客様に対していまだに昔と同じような対応しかできていないのではないか、そんな気がしてなりません。それが端的に表れているのが、お客様相談室やカスタマーセンターという存在です。

市場や環境が変わっているのに対応を変えていない。いえ、変えられないといったほうが正しいのかもしれません。そのために、「企業寄りの思考」と「お客様寄りの思考」の狭間に大きなギャップが生まれているのだとしたら、お客様の立場に立って物事を考えることなど到底できないでしょう。


では、本当の意味で「お客様の立場に立つ」、あるいは「顧客満足を考える」とは、どのようなことを意味するのでしょうか。

意外なことに、その具体的な方法について明確に教えてくれる人もいませんし、また詳しく書かれている本もあまりないようです。


カルビーに寄せられるお客様の声というのは、年間で3万件以上にのぼります。そのなかには、購入された商品の不具合から、「こういう商品をつくってください」といったご要望まで、実にさまざまなものがあります。

そのような声に対して、カルビーはどんなお客様に対しても誠心誠意、丁寧な対応を心がけています。そうすることが、お客様の立場に立つことの実践につながると考えるからです。

それは、「カルビーグループ行動規範」のなかのひとつに掲げられている「お客様本位の徹底」という、次の3つのスローガンによって示されています。

- 私たちは、何よりもお客様が第一であることを徹底し、お客様から高い信頼と満足を頂けるよう、安全で質の高い製品とサービスの提供に努めます。
- 私たちは、VOC〔Voice of Customer（お客様の声）〕を企業活動へ的確に反映し、新たな価値の創造を目指します。
- 私たちは、生活者一人ひとりのニーズにお応えする提案を通じて、食生活の彩を豊かにし「健やかなくらし」に貢献し続けます。

この3つのスローガンのもと、お客様一人ひとりの声に耳を傾け、お客様に満足いただく対応だけではなく、お客様の声を分析・検証し、それを社内の関連部署に伝達することで新たな企業活動に活かしていく——これがカルビーお客様相談室の仕事です。

もちろん、カルビーに限らず、どのメーカーにも「お客様相談室」のような部署が設置され、日々お客様からのクレームや問い合わせの対応にあたっていることでしょう。そのこと自体はけっして珍しいことではありません。

ですが、多くの企業では、よくある質問をまとめた「ＦＡＱ」や、定型的な業務内容をまとめたマニュアルどおりの対応をされているようです。

また、お客様相談室を「苦情処理係」と位置づけている企業も少なくないようです。しかし本来、クレームや苦情は「処理」するものではありません。お客様一人ひとりに「対応」するものです（この点に関するカルビーの考え方は第１章で詳しく解説します）。

そう考えれば、やはりＦＡＱやマニュアルだけでは、本当の意味でお客様の立場に立つことはできませんし、お客様の気持ちに寄り添うこともできないのです。

そこで、カルビーではお客様対応における考え方を根底から見直すことにしました。その成果のひとつが、次のページの図に示した数字に表れています。

これは、カルビーの商品に対して、クレームや苦情のお問い合わせをいただいたお客様

◆お問い合わせをいただいたお客様の再購入率

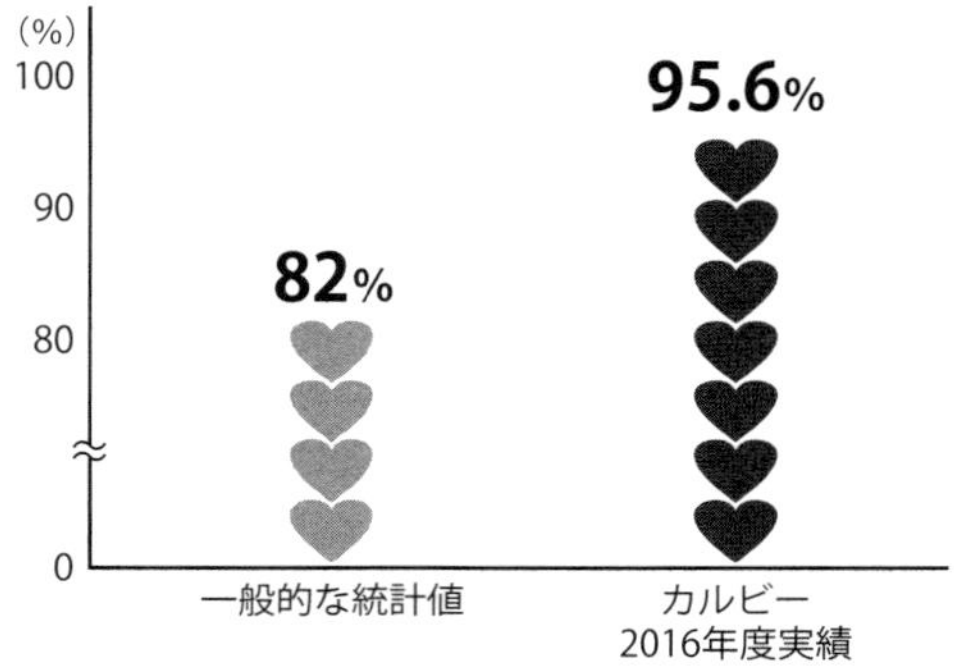

※アンケート項目「今までと変わらず買う」と「今まで以上に買う」の合計

に対して、その後に行なったアンケート結果をグラフにしたものです。

商品に何かしらの不具合があり、ご不快な思いをされたにもかかわらず、「今までと変わらず買う」、さらには「今まで以上に買う」とお答えいただいたお客様が、なんと95％以上もいらっしゃいました。本書のなかで詳しく述べていきますが、これは一般的な統計値をはるかに超えた、大変ありがたい、高い評価です。

ではなぜ、カルビーはこのような数字を達成することができたのでしょうか。それは、いささか手前味噌ではありますが、お客様対応のしっかりした仕組みをつくり、大きく次の２つの使命を全うできるよう、日々努めているからだと私は自負しています。

1. お客様に満足いただける対応
2. 関連部署へお客様の声を伝達

本書は、私が２０１３年度から４年間、お客様相談室室長として、本当の意味の顧客満足とは何か、それを実現するにはどうすればよいのかという課題に向き合い、多くのスタッフとともに現場で考え育ててきたお客様対応の実際を、社を代表してまとめたものです。

カルビーには、よいことも悪いことも含めて「情報をオープンにする」ことがお客様のため、社会のため、そして自社のためになる、というポリシーがあります。そのポリシーに則り、現在のお客様対応の取り組みを包み隠さずにすべてご紹介しました。本書が多少なりとも読者の皆様方の参考になるとすれば、これほど嬉しいことはありません。

カルビー株式会社　お客様相談室 前室長　大内　肇

カルビーお客様相談室　クレーム客をファンに変える仕組み◉目次

第2章

ご指摘対応のための仕組みづくり

第3章
お客様の声を社内へ伝達する

第4章 ネット、SNS時代におけるお客様対応

第5章

カルビーお客様相談室のファンづくり

企画・編集・装丁／神原博之（K.EDIT）
本文DTP／一企画

第1章

カルビーお客様相談室がやるべきこと

お客様相談室は単なる「クレーム処理」の部署ではない

○お客様相談室に求められる役割

カルビーに限らず、さまざまな消費財メーカーの商品パッケージには、そのメーカーの「お客様相談室（カスタマーセンターなどを含む）」の連絡先が記載されています。

これは、「万が一商品に不具合がございましたら、ご連絡ください」という、お客様に対するアフターサービス、いわばフォローのためのメッセージです。このメッセージには「お客様相談室＝お客様からのクレームを処理する部署」という考え方が込められていると感じる人が多いのではないでしょうか。

また、商品の不具合に限らず、お客様との間で何かトラブルが起こってしまったときに、「（会社としては）お客様相談室でうまく収めてほしい」というのが、従来の一般的な企業で、お客様相談室という部署に求められてきた役割ではないでしょうか。

「求められてきた」としたのは、部署としての性格が、現在では大きく変わってきているからです。もちろん、クレームやトラブルの解決というリスク管理は、現在でも非常に重要な役割のひとつです。しかしながら、市場環境の変化により、それだけがお客様相談室の役割ではなくなってきているのが、まさに現在の状況だと感じています。

つまり、単にクレームやトラブルを処理するだけではなく、**お客様の声から商品やサービスを改善・改良していくことで企業ブランドや商品力の強化に結びつけていく**こと――これが現在のお客様相談室に求められているのです。

○お客様が伝えたいことは「不満」だけではない

あるとき、社内で次のような声があがりました。

「『商品に不具合がございましたら、ご連絡ください』というニュアンスの表現では、きっと、お客様は商品に明らかな不具合がない限り、お電話をかけてくださらないでしょう。それはもったいないのではありませんか」

たしかに、お客様のなかには商品へのクレーム以外にも、カルビーに対して「何かを伝えたい」という気持ちがあるのではないだろうか――。

商品の不具合に対するお客様の声だけでなく、もっとたくさんのお客様の声を聞くことで、これからの企業活動に活かすことができるのではないか――。

このように考えたことがきっかけで、２００６年に左の図のように商品パッケージの表現を変更しました。すると、すぐにお客様から反応がありました。

◆パッケージに印刷されたお客様相談室の連絡先

(変更前)

(変更後)

◆お客様から寄せられる声の件数の推移（増減割合のイメージ）

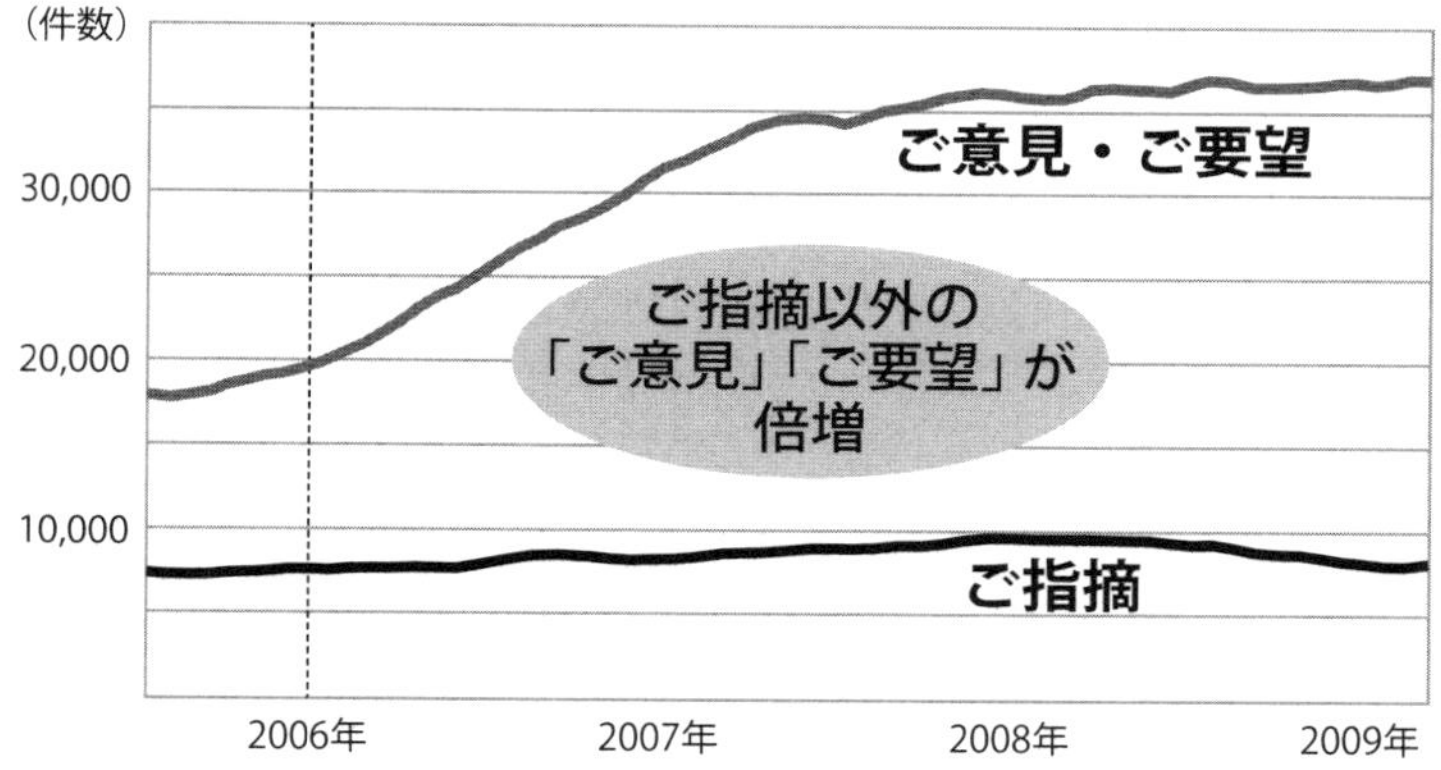

カルビー → **「お客様の声をおきかせください」**

お客様 ← **「カルビーさんのお菓子をいつも美味しくいただいています」**

「こんな商品を出したらどうでしょうか？」

このように、パッケージの表現を変更したことで、お客様が以前よりも気軽にお電話をくださるようになったのです。

パッケージの表現をひと言加えただけで上の図に示したように、お客様からのご意見やご要望の件数が以前の2倍ほどに増えたのです。

こうした取り組みを通じて実感したのは、**「お**

客様は、カルビーに聞いてみたいことや伝えたいことをたくさんおもちだったんだな」ということでした。

なお、お客様からのご意見、ご要望の声が増えている点から「もっと気軽にカルビーに声を届けてもらおう」という当初の目的は、達成されたものと考えています。

それを受け、２０１５年からは、パッケージのスペースに合わせて、「電話番号・住所・ＨＰアドレス」「電話番号・住所」「電話番号のみ」のいずれかの表記をご案内として記載しています。

カルビー離れを防ぐだけでなく売上の増大にもつながる施策を目指す

カルビーでは、お客様からの**「クレーム」**を、**「ご指摘」**と呼ぶようにしています。また、そのご指摘に対して行なう仕事を、**「処理」**ではなく、**「対応」**と呼んでいます。

クレームには、日本語の「苦情」に近いニュアンスがありますが、対決姿勢やケンカ腰であるかのような響きを感じます。

そうではなくて、どのような内容でも、お客様から届いた声は「ご指摘」であり、貴重なご意見として真摯に受け止め、「対応する」ものだという意識づけを、カルビーでは社員に徹底しています。

クレームというと、受け手としては心のどこかで「処理」するものだと捉えがちです。また、「処理」という言葉には、本質的な問題の解決ではなく、「何とか、その場をやり過ごせばいい……」といった、その場しのぎの行為といったニュアンスもあります。

そのような気持ちや姿勢では、お客様がお困りの事態を解決し、お客様にとって本当の意味での満足を提供することはできません。ましてや、お客様の声を企業ブランドの向上に活かすことなど、できるはずがありません。

「不具合のあった商品をお送りください。商品代金をお返しします」

このような「処理」ですませている企業もあるかもしれませんが、それではもったいない、と私は思います。

仮にこうした「クレーム処理」を続けていれば、いずれお客様が何もいわずに他のメーカーの顧客に移ってしまう、という厳しい現実に直面してしまうでしょう。

○言葉の変化が、お客様とのコミュニケーションを変えた

これは単に言葉づかいだけの問題ではありません。「クレーム処理」と「ご指摘対応」とでは、その根底にある考え方や意識に、天と地ほどの違いがあります。

クレーム処理……お客様の不満を鎮めるようにクロージングすること
ご指摘の対応……お客様に満足感を提供することでクロージングすること

カルビーのお客様相談室では大原則として、「お客様はカルビーに期待をしてくれているから、ご指摘の連絡をしてくださる」ことを一人ひとりが強く意識し、「クロージングした後にカルビーのファンになっていただき、そして引き続きファンでいてくださる」ことを目指しています。

これは、「お客様からのご指摘」に誠実かつ丁寧に対応するという姿勢に立ち、お客様からの提案を商品やサービスに活かすというカルビーお客様相談室の挑戦でもあります。この挑戦は、前述のパッケージ裏面のメッセージを変更した（２００６年）以後のご相談件数の増加を背景に、スタートしました。

厳しい企業間競争を勝ち抜くためには営業や広告などによる売上の拡大も当然に重要ですが、お客様対応の善し悪しは売上に対して影響するのではないでしょうか。

苦情処理の部署という位置づけのお客様相談室では、「損失金額を防ぐ」という考え方が中心になります。その場合、カルビーの商品を買い、そして何らかの不具合を見つけ、気分を害してお電話をくださるお客様に対して、何とか今後もカルビーの商品を買っていただくための活動に終始することになるでしょう。

つまり、〝カルビー離れ〟を何とか防ぎましょう、というのが以前のお客様相談室の最重要任務だったわけです。

しかし現在は、お客様への対応ひとつで、お電話をくださった方だけではなく、その家族や友人など周囲の人にまで会社の評判が伝わり、それが結果として売上にも影響するという傾向が無視できない時代になったということです（第４章で述べるＳＮＳ対応もしかりだと思います）。

そんな時代を勝ち抜くために、カルビー離れにつながるマイナス要因を防ぐだけでなく、プラスになる要素を増やすことも、お客様相談室は考えなければなりません。

その一環としてカルビーが最初に取り組んだこと、それが「お客様の声をおきかせください」という、お客様とのコミュニケーションを深める試みだったのです。

大きな失敗の反省から体制を再構築

「お客様の対応は、お客様相談室だけがやればいいのでは？」

「だからこそ、お客様相談室という部署があるんじゃないの？」


このような意見を耳にすることがあります。

私も以前は、そのような心構えでいました。

ところが、かつて起こった苦い経験の教訓によって、カルビーのお客様対応はその考え方やスタンスを大きく変えることになったのです。

それは２０００年のことです。カルビーのポテトチップス「味ポテト　ガーリックバター」の袋からカナヘビ（とかげ）の死がいが見つかり、６万袋すべてを回収することになりました。

その大変な事態もようやく収拾し、落ち着きを取り戻しかけた翌２００１年、今度は「じやがりこ」に未承認ＧＭＯ（遺伝子組み換え体）混入事故が発生し、2年続けて大規模な商品の回収を余儀なくされたのです。

○自主回収における基本方針を策定

こうした商品の大規模な回収という事態は、企業の立場からいえば大きな経済的損失をもたらすことは明白です。

しかし、それ以上に目に見えない大きな損失があります。

それは、お客様からの信頼、信用を失ったことに他なりません。

お客様は大切なお金を出して、カルビーの商品を楽しみにして購入してくださるわけです。私たちは、その期待を裏切ってしまったのです。

「信頼とは、築き上げるには長い年月を必要とする一方で、失うのはほんの一瞬である」、という言葉があります。

私たちも、回収によって失ったお客様の信頼を、一から築き直さなければならなかったのです。

◆自主回収にあたっての基本方針

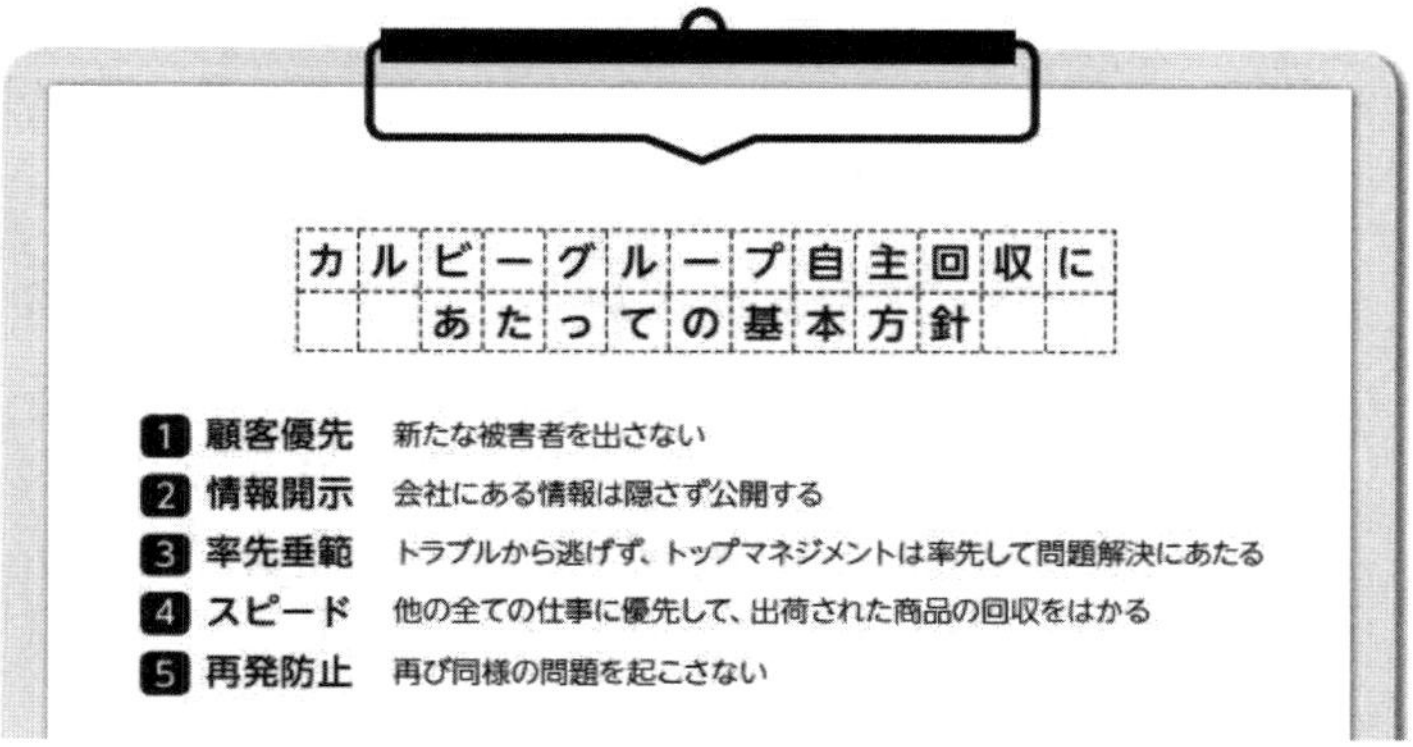

２０００年、２００１年の経験は、企業活動はお客様に支えられていることを再認識する活動の策定と、お客様相談室の体制を再構築するきっかけとなりました。そして、そこではじまった環境変化に対応する活動は現在も継続しています。

その後に起こった２０１２年の「堅あげポテト関西だししょうゆ」への異物混入による回収の後、再びカルビーの商品を安心してお召しあがりいただけるように、そして企業としてお客様から信頼を寄せていただけるように、「自主回収における基本方針」を上の図のように策定しました。万が一事故やトラブルが発生したときには、お客様の安全を最優先に考えることを徹底しています。では、この基本方針の５つの姿勢について、順に説明していきます。

1. 顧客優先

工場内で商品の何かしらの異常や不具合に気づくことができれば出荷を止められますが、回収するレベルではすでに商品が出荷され、市場に出回っており、お客様の口にも届いている状況です。

そのとき、**最優先で考えなければならないのが、お客様の健康危害、健康被害**です。健康への危害や被害の可能性があることについて連絡が入った場合は、「絶対に二人目の被害者を出さないために、何をすべきか」を最優先に考えてアクションを起こすことを肝に銘じています。

お客様対応においては「**お怪我はございませんでしたでしょうか**」と、まずはお客様の身を案ずることが何よりも重要です。

2. 情報開示

食品メーカーに限らず、企業が製品を回収すると、大きなニュースになります。

そのようなとき、情報が後から小出しに少しずつ公表されると、お客様やメディアからは「何かを隠そうとしている」と思われかねません。**手元にある情報はすべてオープンにする**ことが必要です。さらには、少しでも公表が遅れれば別の被害を出すかもしれないということを念頭に置いて、**情報開示のスピードを可能な限り迅速化する**ことで、被害を最小限に抑えなければなりません。

3. 率先垂範

「率先」は〝先んじる、人の先頭に立つ〟という意味をもち、「垂範」は〝模範を示す〟という意味があります。企業のリーダーが自ら進んで手本を示しながら、人の嫌がるような仕事も真っ先に取り組んでいく姿勢を見せなければなりません。

4. スピード

カルビーでは回収の決定を下す際は、迅速性を求めるため、品質保証本部、営業本部、広報部、物流部、そしてお客様相談室、**それぞれ現場の責任者で討議して意思決定し、経営トップには事後報告でよい**、というルールになっています。

5. 再発防止

商品の回収までいかなくとも、カルビーでは一般的なご指摘でも、それに対するお客様への報告書には、お詫びの言葉だけではなく、その時点でベストだと思われる再発防止策を、お客様にお約束する意味を込めて記載します。

さらには、その再発防止策が間違いなく実行されているかどうかをチェックする意味で、各支店のお客様相談員が月1回工場の現場に行って「工場パトロール」を実施します。

製品事故は、本来あってはならない事態ですが、万が一の場合に速やかに対応できるよう、こうした基本方針をカルビーは立てているのです。

カルビーお客様相談室の２つの使命

○ステークホルダーを順序づけ

ここで、カルビーグループの企業理念（グループビジョン）をご紹介します。

「顧客・取引先から、**次に**従業員とその家族から、**そして**コミュニティから、**最後に**株主から尊敬され、賞賛され、そして愛される会社になる」

このグループビジョンは２００９年に制定されたものですが、よく読んでみると、**ステークホルダーに序列がついている**ことにお気づきでしょうか。

以前のグループビジョンには、「顧客・取引先から、次に…」の「次に」という言葉はありませんでした。「顧客・取引先から、従業員とその家族、コミュニティ、株主から尊敬され…」というように、すべてのステークホルダーが同列として扱われていたのです。

ところが、２００９年から、「次に」、「そして」、「最後に」という言葉をはさむことで、カルビーは自社のステークホルダーに明確な順位づけをしました。

つまり、カルビーにとって、**「顧客＝お客様」こそが最優先である**ことを内外に宣言すると同時に、それを**社員に対しても徹底して意識づける**ことにしたのです。

そうはいっても、「言うは易く行うは難し」という声が聞こえてきそうですね。

たしかに、カルビーは基本的にはメーカーであり、たくさんの部署があるとはいえ、お客様と直接つながっている部署は、ほんのひと握りです。

だからこそ、お客様相談室が会社の先頭に立ち、部署に関係なく、すべての社員がお客様最優先で自分の役割を全うするように、リードしていかなければならないと考えています。

○お客様相談室の使命とは

では、私どもお客様相談室の使命とは、どのようなことでしょうか。

私たちは、大きくふたつの使命があると考えています。

使命１．お客様に満足いただける対応

特に商品に何らかの不具合を感じているお客様からのご指摘は、ネガティブなお気持ちでされる場合が多いので、より丁寧な対応が重要になります。

また、最近では、朝食などで召し上がるシリアル商品「フルグラ」について、初めてお買い求めくださったお客様からの問い合わせが急増しています。お客様から「これ、どんな商品なんですか？」「どうやって食べるのですか？」といった問い合わせが数多く寄せられます。

そうしたお客様からの疑問に親切丁寧にお答えするのも、お客様相談室の大事な使命です。つまり、まだカルビーの商品を購入されていないお客様への対応も、お客様相談室の

◆お客様相談室の使命

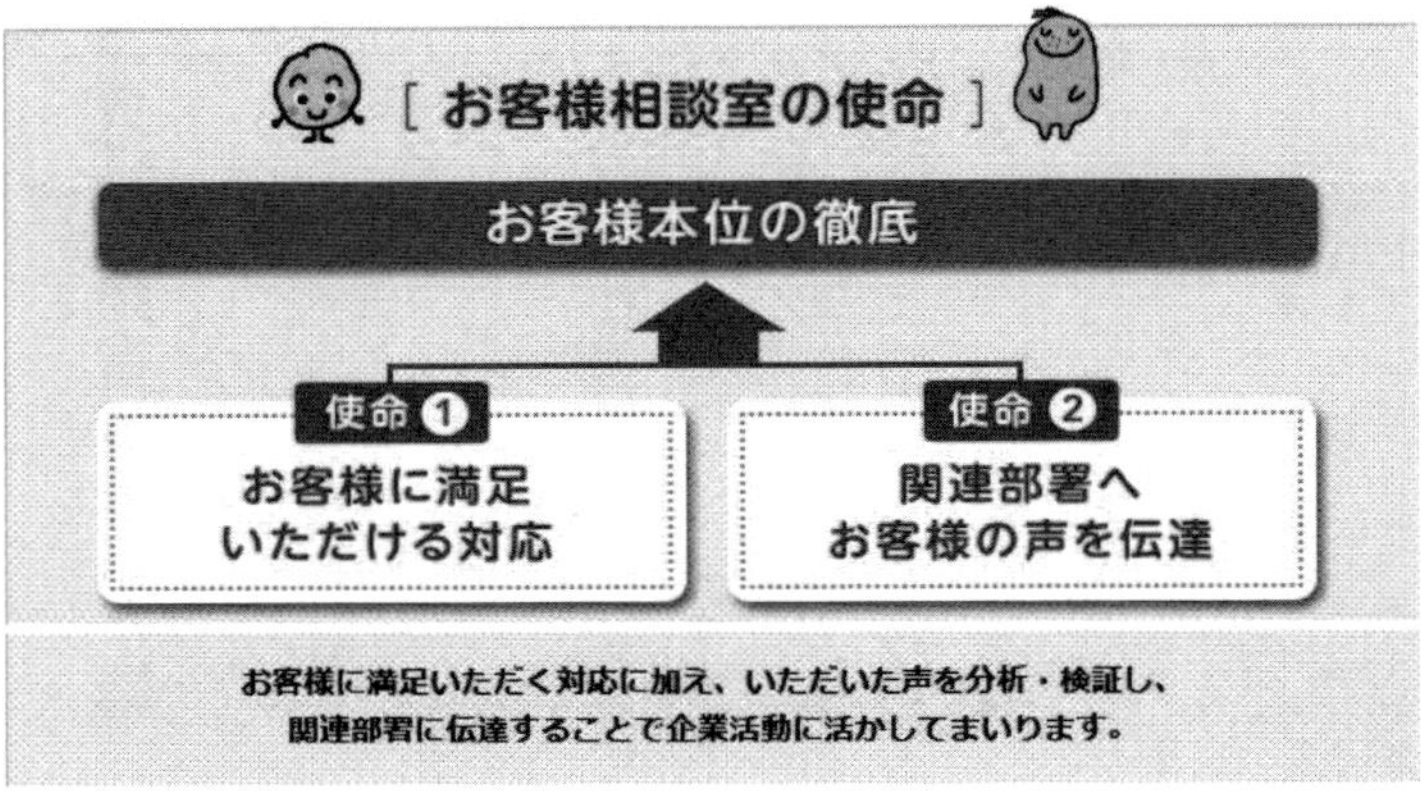

大切な仕事なのです。

まだカルビーの商品を買っていないということは、潜在的な顧客、すなわち「未来のお客様」だと考えられます。

こうした方々は、自分で直接買わなくても、誰か周囲の人に勧めてくれるかもしれません。特に、シリアルのような商品は、健康を意識されている年配の方へ、その息子さんや娘さんが「これ食べてみて」といって勧めるシーンが最近は増えているのです。

そうしたお客様は、商品を買う買わない以前に、少なくともカルビーに興味をおもちの方ですから、カルビーの「お客様」という認識で対応にあたるようにしています。

このように、広い意味でお客様に満足していただくこと、その満足度を高めることが、お客様相談室の第一の使命です。

使命2．関連部署へお客様の声を伝達

お客様相談室が担うもうひとつの使命は、お客様の声をカルビー社内の関連部署へ伝達することです。

ちなみにカルビーでは、そうしたお客様からのお問い合わせやご指摘を受け付ける対応者をオペレーターではなく、「コミュニケーター」と呼んでいます（第2章で詳しく解説します）。

そのコミュニケーター一人ひとりは、次のようなことを常に意識しています。

「どうしてお客様は、このようなお問い合わせをくださったのだろう」

この問いかけが、お客様とのコミュニケーションを深め、お客様の気持ちに寄り添うための大前提となります。

お客様相談室が窓口となり、**お客様の声に対する「分析↓検証↓伝達」という3つのサ**

イクルをいかに全社に広げて共有するかが、私たちの大きな使命でもあるのです。

なぜなら、そこに、本当の意味での顧客満足とは何か、そしてこれからのカルビーの事業活動に必要なものは何かを感じとる大きなヒントが隠されているからです。

そうしたお客様の声をしっかり関連部署へ伝達し、企業活動に活かしていくことが、すべての社員が「お客様本位の徹底」という経営理念を深く理解して、実践することにつながると確信しています。

お客様相談室の「攻め」と「守り」

スポーツにおける戦術に攻守があるように、実はお客様相談室の戦略にもまた、「攻め」と「守り」があります。

それは、前に述べたカルビーのお客様相談室のふたつの使命に対応しています。

「お客様に満足いただける対応」…守りの対応
「関連部署へお客様の声を伝達」…攻めの対応

このように整理すると、私たちお客様相談室のミッションは何なのかがよくおわかりいただけるのではないでしょうか。

お客様対応において、多くの人が口を揃えていう言葉があります。

「お客様に寄り添うことが、お客様の立場に立つということです」

この言葉を否定することはできませんし、意味もイメージしやすいと思います。私自身もかつてはそうでした。

ところが、「では、具体的にどのようなことをするのか？」と聞かれると、即座に答えられる人は意外に少ないのではないでしょうか。

もちろん、その答えはひとつではありませんが、私たちは、次のように考えています。

> **「お客様の真意（本当にいいたいことや聞きたいこと）を聞き出そうとすること。そして、その姿勢がお客様にも伝わること」**

つまり、**お客様の真意を知ることが、本当の意味でお客様の立場に立つための重要なポイントであると**認識しています。

○「お客様に満足いただける対応」とは

まず、守りの対応である「お客様に満足いただける対応」から詳しく解説していきます。

「お客様に満足いただける対応」の基本は、やはりお客様からのご指摘についていかにリアクションをするか、です。

お客様からのご指摘に関しては、カルビーでは次のような４つの流れで対応します。

1. ご指摘をくださったお客様に対して誠心誠意、お詫びする
2. ご指摘のあったすべての商品をお預かりして、製造工場で調査する
3. お客様に文書で調査結果、再発防止策を回答する
4. 文書はできるだけお客様の立場に立ったわかりやすい表現に努める（画像やイラストを使用）

○お客様の声を社内へ伝達する

次に、攻めの対応である「関連部署へお客様の声を伝達」は、主にお客様からのご意見やご要望を商品開発や生産活動にどうつなげていくか、という観点からの使命です。

多少の表現の違いはあるものの、「お客様本位」を掲げている企業は多いと思います。

ところが、企業では、ダイレクトにお客様に対応している部署は意外に少なく、各部署のお客様本位の具体的な活動が見えにくいものです。

さらにいえば、いざお客様からのご意見やご要望があがってきても、「いやいや、提案はしているのですが、他の部署がなかなか動いてくれなくて……」ということでうやむやに終わらせてしまう企業もあるでしょう。

たとえば、お客様から新しい商品についてのアイデアの提案をいただき、それを受けたお客様対応の部署が、自社の商品開発の部門へ伝えたとします。

もちろん、そのアイデアの内容にもよるでしょうが、すぐに具体的な新商品開発のプロジェクトが動き出すことは、通常はないでしょう。下手をすると、まともに相手にされず、聞き流されてしまうようなことも、容易に想像できます。このような姿勢では、せっかくのお客様からの声を企業活動に活かすことは難しいでしょう。

カルビーのお客様相談室では、さまざまな部署の社員がお客様の気持ちに寄り添う、お客様の期待にお応えするということを具現化するために、いわば攻めの対応策として「関連部署へお客様の声を伝達」することを徹底しています。

その詳細は、第3章で解説します。

お客様は本音をいわないもの

カルビーのお客様相談室に寄せられるお客様の声の数は、年間で３万件以上に上ります。その内訳を見てみると（左の円グラフ）、ご指摘（クレームや苦情）が全体の約３割であるのに対して、残りの約７割を占めるのがカルビーに対するご意見やご要望などの「ご相談」です。

私たちは、ご指摘もさることながら、貴重なご相談に対しても真摯な姿勢で向き合うことを大切にしています。

では、そのご相談をカルビーに届けてくださるお客様の真意とは、いったいどのようなものなの

◆お客様から寄せられる声の約７割は「ご相談」（2016年度）

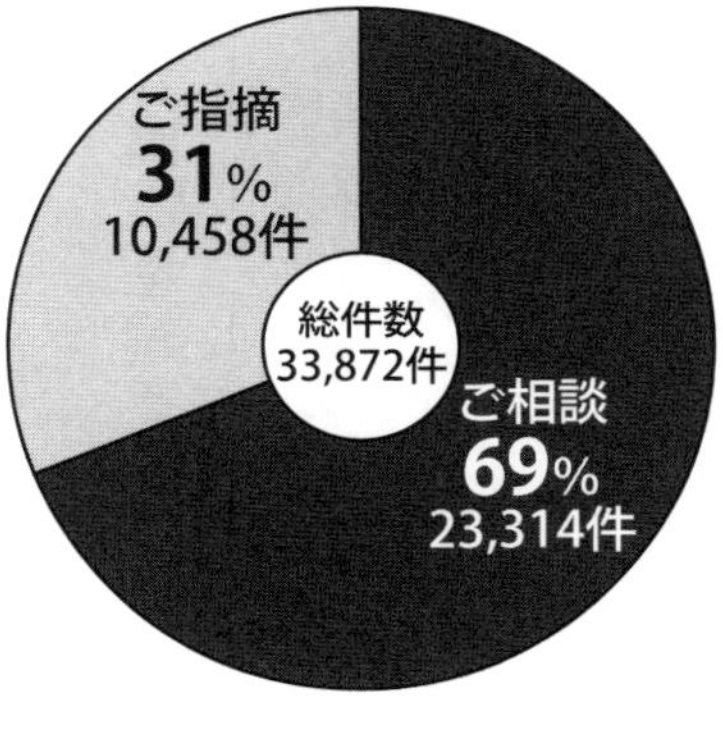

でしょうか。

○「まさか」を超えて、はじめて感動を提供できる

数年前に、ある商品の味をリニューアルしました。「バターしょうゆ味」の商品だったのですが、よりバターの風味を感じてもらえる味付けにしたところ、数人のお客様から、「少し酸っぱく感じる」といったご意見をいただきました。

商品担当者にこの声を伝えたところ、味の微調整をしてくれました。それから2か月くらい経つころには、「少し酸っぱく感じる」というご意見はなくなっていました。

さらにお声をいただいたお客様に新しい商品をお送りして、ご意見をお聞きするという対応もしました。

そうした対応の後、何人かのお客様からお礼の手紙をいただいたのですが、共通して次のような言葉が書かれていたのです。

「まさか本当に変えてくれるとは思っていませんでした」

この経験から学んだことは、お客様の「無理だと思いますが……」という、いわばダメ元でくださったご意見やご提案にも真摯に向き合い、それを商品開発や企業活動に反映し、実現していけば、「お客様に感動していただけるレベル」の顧客満足を提供できるということです。

ですから、私たちはよりよい商品、よりよいサービスのために、できるだけ多くのお客様の声から学びたいと考えているのです。

実際に、お客様の声から、具体的なアクションとして現実化させた事例をもうひとつご紹介しましょう。

○「えびせん」がしょっぱすぎる⁉

「やめられない、とまらない！」のフレーズでお馴染みの、カルビーの人気商品のひとつが「かっぱえびせん」です。

この「かっぱえびせん」にも、お客様の声から学ばせていただいたことがありました。

お子様からご年配の方まで幅広い支持を得ているロングセラー商品ですが、あるときお客様から次のようなご意見、ご要望を、それも数多くいただくようになったのです。

「昔から好きなのですが、最近しょっぱく感じます」
「健康のために、塩分控えめのえびせんをつくってほしい！」
「塩分を気にしないで、思いっきり食べたい！」

製造方法や原材料の配合を変えたり、塩分の量を増やしたりしたわけではありませんが「しょっぱい」「塩分が多い」と感じていらっしゃるお客様からの声が増えているという事実を受けて、私たちお客様相談室は「減塩のかっぱえびせんを発売してはどうだろうか」と商品開発の部署に提案しました。

それがきっかけとなってプロジェクトがスタートし、その後マーケティングリサーチ、テスト販売を重ねました。

調査段階ではリサーチ会社のプロ視点からの調査・分析ももちろん重要ですが、お客様の生の声も同様に重要ではないかと考えました。そこで、「しょっぱく感じられる」とご

◆実際に使用したアンケート

2016年8月10日
カルビー株式会社

かっぱえびせん試食アンケートご協力のお願い

日頃よりカルビー商品をご愛顧いただきありがとうございます。
このたび、「かっぱえびせん」をご愛顧いただいている方へ試食アンケートのお願いをしています。

現在、「かっぱえびせん」では“塩分控えめ＆カルシウム強化”をコンセプトとした商品を
発売に向け開発しておりますので、開発途中の商品について率直なご意見をお聞かせください。

◆お客様の声から生まれた「かっぱえびせん塩分50％カット」

意見をいただいたお客様に試作品をお送りし、ご意見を直接いただく取り組みも初めて実施しました。

上で紹介しているアンケートは、お客様から、かっぱえびせんに対しての意見を聞くために実際に使用したものです。

そうして、２０１６年９月にようやく全国発売となった

のが、「かっぱえびせん塩分50％カット」です。

この商品が発売されると、すぐにお客様から、次のような反響がありました。

「うす味なので、いくらでも食べられます！」

「あっさりとした味で、とっても美味しい！」

「こんな商品を待っていました！　発売されてうれしいです！」

まさに、お客様の声が新商品としてカタチになった瞬間です。

○お客様の声に耳を傾け続ける

もちろん、お客様の声がすべて新商品になるわけではなく、このように、実際の商品にまでなったケースはそれほど多いとはいえません。

しかし、それでもお客様の声を、具体的なアクションに結びつけること、そして、**お客**

様の声を企業活動に取り入れるための窓口となり、社内を動かすきっかけづくりをすること――それがお客様相談室の大事な役割のひとつでもあるのです。

この「かっぱえびせん」のケースでは、よい成果が生まれましたが、これで満足してしまうわけにはいきません。今後もカルビーはお客様の声に耳を傾けながら、改善改良を重ねていく必要があると考えています。

「ご指摘」いただいたお客様の再購入率が95％に！

カルビーにおける「お客様本位の徹底」というスローガンへの取り組みには、事細かく決められたマニュアルもなければ、驚くような特効薬もありません。

お客様からのご指摘、ならびにご意見やご要望の一つひとつに対して、丁寧な対応を心がけ、お客様の真意を知ることに努め、そしてそれにお応えしていく……、この地道な積み重ねしかないと考えています。

そうすれば、少しずつではありますが、実を結ぶと考えています。

○苦情を申し立てるのは期待の表れ

みなさんは「グッドマンの第1法則」というものをご存知でしょうか。

グッドマンの第1法則とは、アメリカ消費者問題局が「アメリカにおける消費者苦情処理」という調査を行ない、ＴＡＲＰ社（調査を担当したジョン・グッドマン氏が代表を務める会社）が取りまとめたデータの法則性を分析したものです。

そこに、次のような定義があります。

「不満をもった顧客のうち、苦情を申し立て、その解決に満足した顧客の当該商品サービスの再購入決定率は、不満をもちながら苦情を申し立てない顧客のそれに比べて高い」

つまり、わかりやすくいえば、**わざわざ苦情やクレームを伝えるお客様は、その企業や商品に対して何らかの期待をしている**ということです。

カルビーにご指摘をされたお客様の再購入率の意向をアンケート調査したところ、次ページの図に示したように、「今までと変わらずカルビーの商品を買う」「今まで以上にカルビーの商品を買う」と答えたお客様が実に95％以上もいらっしゃるという結果が出ました。

さらに、53ページの図に示したように、ご指摘をくださった約８割のお客様が週１回以上、カルビーの商品を購入してくださるありがたいお客様だったのです。

これらの数字は、「カルビーのお客様対応」に対するひとつの評価であると考えています。

◆カルビーにご指摘をくださったお客様の再購入率の推移（2016年度のアンケート回答に基づく）

全社 再購入意向合計「今までと変わらず買う」
「今まで以上に買う」52週移動累計
毎年の１月１日を第１週として、週次でチェック

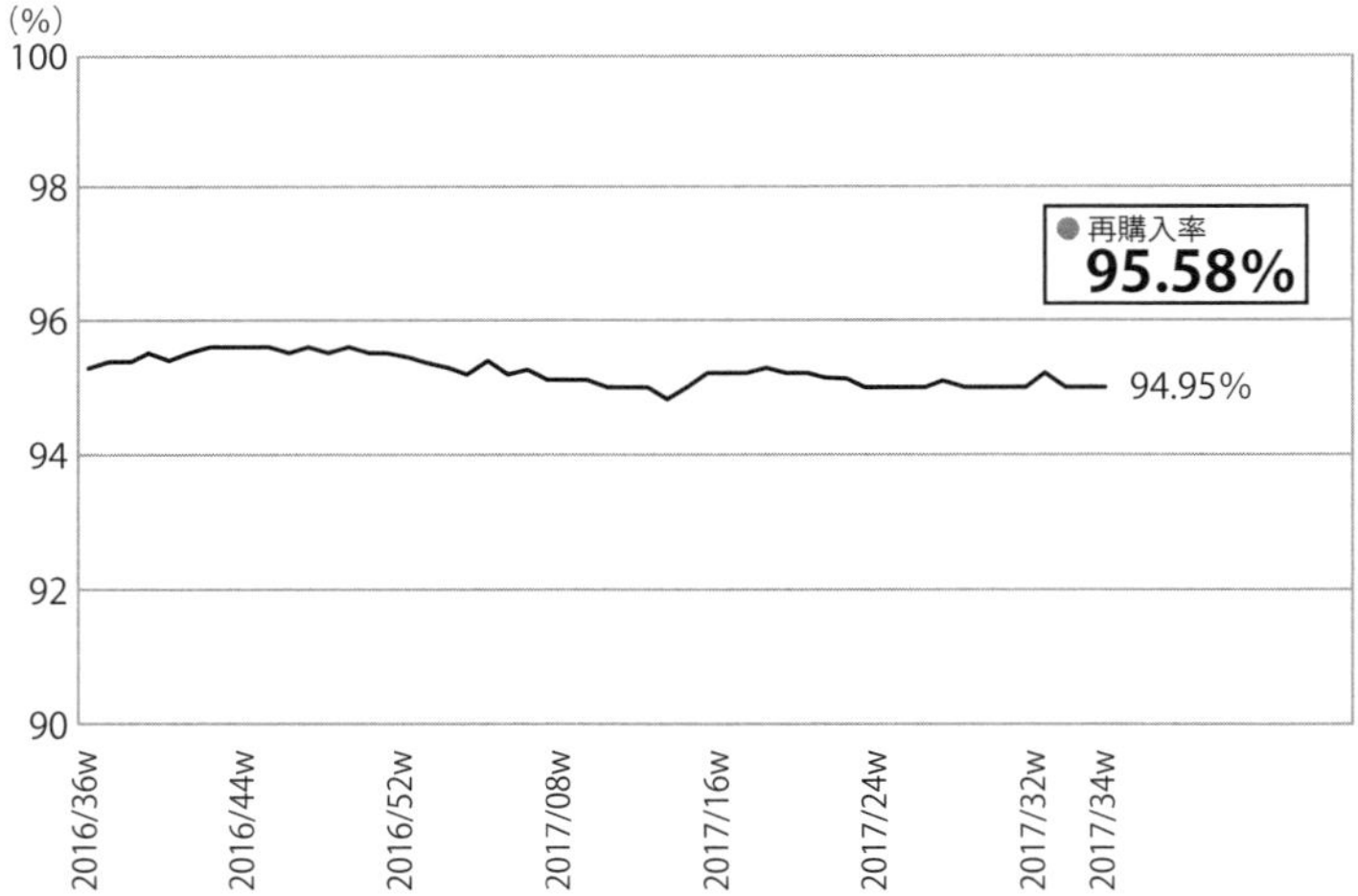

◆カルビーにご指摘をくださったお客様の購入頻度
（2015年度のアンケート回答に基づく）

●今までどのくらいの頻度で弊社商品をお買い求めいただいていましたでしょうか？（すべての商品を合わせた購入頻度）

1．ほぼ毎日
2．週に4～5回
3．週に2～3回
4．週に1回位
5．月に2回位
6．月に1回位
7．2か月に1回位
8．3か月に1回位
9．半年に1回位
10．それ以上、間があく
11．買っていない

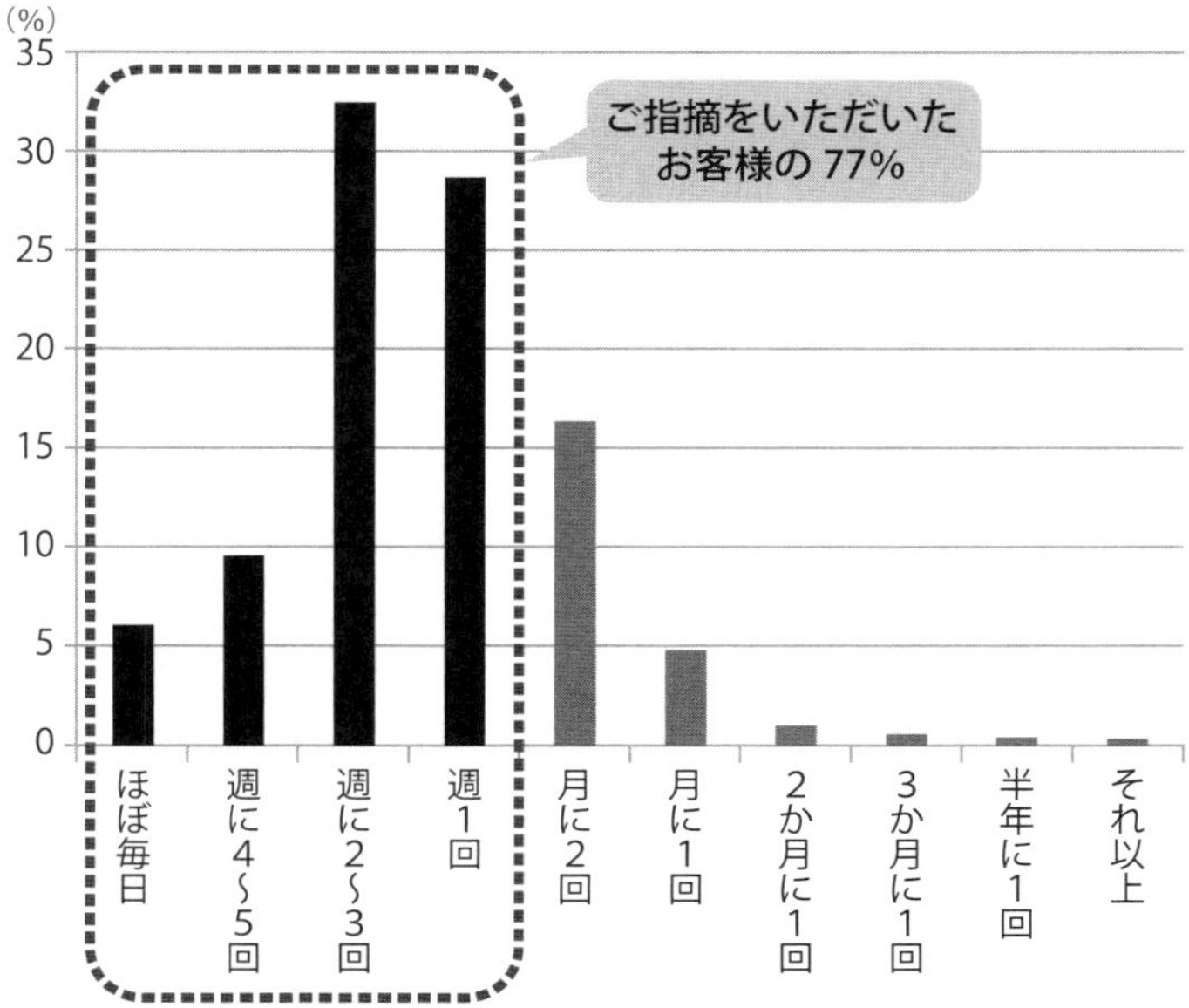

○真摯に向き合う姿勢が顧客を増やす

そう考えれば、たとえ非常に耳が痛い内容であっても、お客様はカルビーに期待をするからこそ、ご指摘という行動をとってくださっているのであり、カルビーとしてもお客様の期待にお応えすることがとても重要だ、ということがすんなりと理解できるのではないでしょうか。

「ご指摘こそ、改善改良のチャンスである！　その先に…」

このように、ご指摘を企業への期待の裏返しだと考えれば、ご指摘は改善改良のチャンスであるだけでなく、「お客様」が「顧客」に、「顧客」が「ファン」に変わる大きなターニングポイントとなるのではないでしょうか。

そこで、カルビーお客様相談室では、次のように考えています。

●「お客様」……商品を買っていただける人
●「顧客」……継続して商品を買っていただける人
●「ファン」……ご本人がご購入されるだけでなく、周囲にも商品を勧めてくれる人
企業のよい点を代弁してくれる人

ただ、ご指摘の多くは、お客様の「ネガティブな心情」からスタートしていることを忘れてはいけません。

だからこそ、ご指摘の一つひとつに対して真摯に対応し、信頼を得てファンを増やせば、それが結果として安定した経営につながっていくと信じているのです。

第2章

ご指摘対応のための仕組みづくり

ご指摘対応はマニュアルに頼らず仕組みをつくる

この章では、なぜ、カルビーがご指摘をくださったお客様の再購入率95％を成し遂げられたのか、その仕組みづくりについて具体的に解説していきます。

前章でも述べたとおり、カルビーお客様相談室では、「お客様の気持ちに寄り添ったコミュニケーション」を目指しています。また、カルビーには細かい「ご指摘対応マニュアル」は用意されていません。

より正確にいえば、「マニュアルだけでは対応できない時代」になったといったほうがよいかもしれません。さらにいえば、マニュアルによるお客様への対応では、本当の意味でお客様に満足していただくことはできない、と私たちは考えています。

では、どうすれば本当の意味でお客様に満足していただくことができるのでしょうか。マニュアルがない、ということは、「こうすれば必ずＯＫ」という公式や方程式のような解決策はないということです。ただ、正解に少しでも近づくためにやるべきことはあると信じています。それは「**お客様の真意を知ること**」です。

もちろん、人間の深層心理や本当の気持ちを知ることは簡単ではありませんが、私たちカルビーお客様相談室では、お客様の真意に少しでも近づけるようなコミュニケーションを意識しています。

それに関連して、前にも触れたようにお客様相談室のスタッフのことを、カルビーでは「コミュニケーター」と呼んでいます。一般的には「オペレーター」という呼称が使われているかもしれませんが、私たちは、次のように考えています。

> 「オペレーター」＝聞かれたことに間違いなく回答し、処理する
> 「コミュニケーター」＝お客様の真意を知るためにコミュニケーションをする

○お客様の真意をつかむための「仕組み」

とはいえ、お客様相談室のスタッフであるコミュニケーター全員が高度な心理学を学んで極めることを目指しているわけではありません。お客様の真意をつかむことは、業務として取り組むべきものなので、個人的なスキルやノウハウに頼るのではなく、「誰が、いつ、何度やっても、同じ成果が出せる」ことが必要だと考えています。

そこで必要になってくるのが、お客様対応における「仕組みづくり」です。

企業としての環境を整え、仕事の手順をフォーマット化し、それを社員の「能力」「経験値」「精神力」といったマンパワーだけに頼るのではなく、誰でも再現できるようなルーティンをつくります。

次ページの図は、カルビーお客様相談室の対応の仕組みと業務フローを示したものです。それをひとつずつ解説していきます。

◆ご指摘への対応の業務フロー

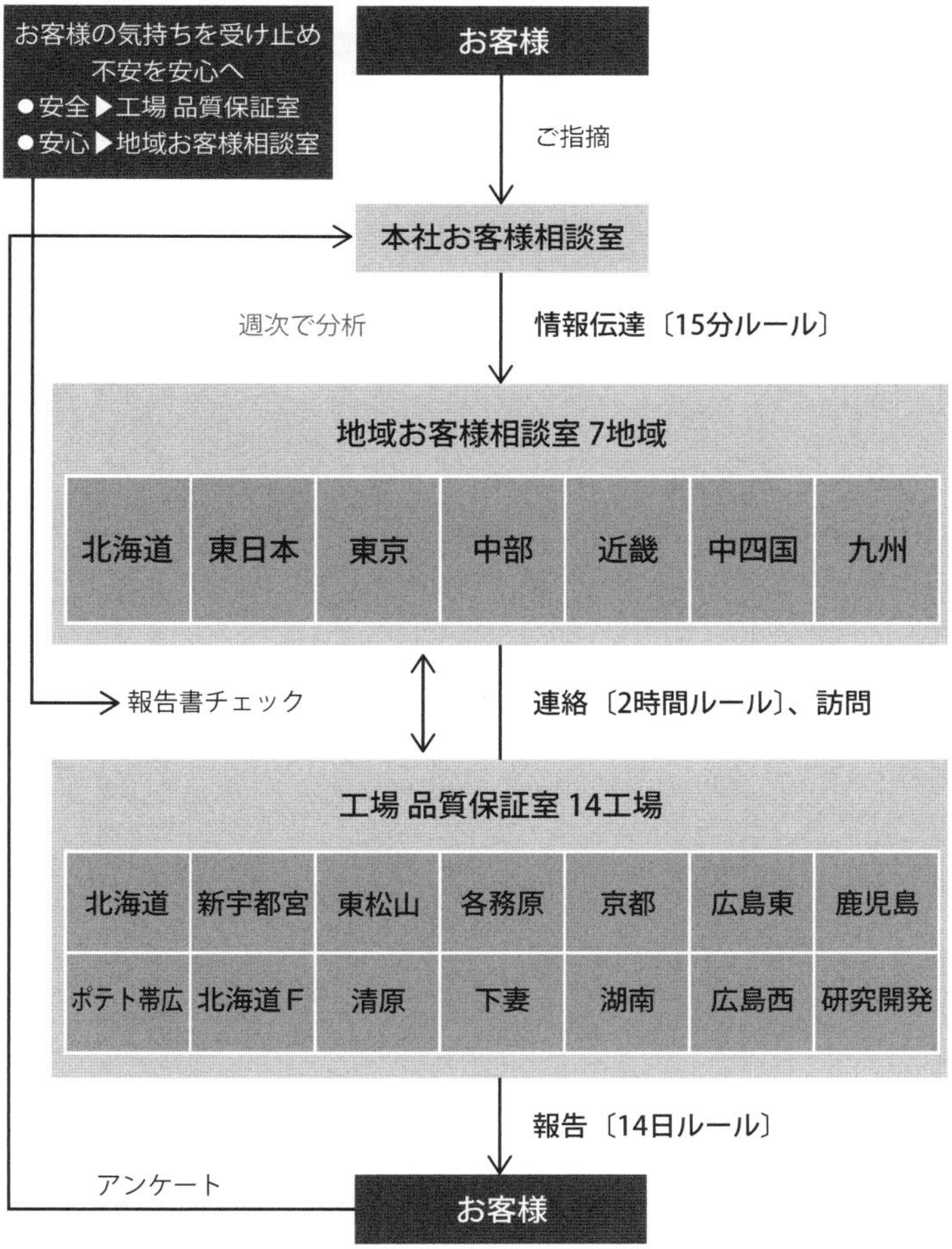

仕組み①　全国7か所に地域お客様相談室を設置

まず取り組んだことは、お客様相談室の増設でした。

以前のカルビーでは、お客様からのご指摘を本社の窓口で受け付けた後、お客様のお住まいのエリア、あるいは近くのエリアを担当している営業マンが対応するという体制をとっていました。つまり、ご指摘対応の専担者ではなく、支社や支店の営業マンがお客様からのご指摘に対してサポートしていたのです。

しかし、そのような体制では、お客様対応を迅速かつ丁寧に行なえません。これを解決するために、本社だけではなく全国主要7つの支店（北海道、東日本、東京、中部、近畿、中四国、九州）に「地域お客様相談室」を設置することにしました。

これによって、全国から寄せられるお客様からのご指摘、さらにはご意見やご質問に対して、迅速かつ丁寧な対応が可能となりました。

ただし、お客様から寄せられるすべてのお問い合わせは、本社オフィス内にあるお客様相談室で一括して受け付けています。地域お客様相談室では一次対応は行ないません。お客様からのご指摘は、すべて本社の総合窓口であるお客様相談室を一度経由し、お客様住所管轄の地域お客様相談室（7地域）へ情報伝達されて引き継がれることになります。

仕組み②　本社から支店へ「15分ルール」で情報伝達する

○ご指摘対応はスピードが命

さて、仕組みづくりの二番目は、「本社から支店の地域お客様相談室への情報伝達は15分以内に行なう」という「15分ルール」です。カルビーに寄せられるお客様からのご指摘やご質問は、電話によるものが75%を占め、それ以外では、メール、手紙と続きます。

このような状況のもと、カルビーには、ご指摘対応は「スピードが勝負」という考え方があります。

こうした時間制限は、お客様をなるべくお待たせしたくない、という思いを反映した仕組みです。そのスピードとお客様の真意を知る対応の手順は次のとおりです。

手順１．本社のお客様相談室のコミュニケーターがお客様からご指摘の電話を受け、問題点と状況を可能な限り詳しく伺う
手順２．切電後、お客様から入手した情報を15分以内に詳細な「カルテ」にまとめて伝達

この手順について、順に解説していきます。

ご指摘の電話対応は最初が肝心です。まずは心からお詫びをします。「**せっかくカルビーの商品を購入していただいたのに、ご不快なお気持ちにさせてしまったこと**」に対してです。

ここで肝に銘じなければならないのは、**たとえ原因がお客様にあったとしても関係ない**ということです。なぜなら、原因はどうであれ、「お客様はカルビーの商品を購入されたことがきっかけで嫌な思いをされた」ことは事実だからです。まずは、この事実に対してお詫びをします。

次に、お客様の気持ちに寄り添うために、お客様の言葉にしっかりと耳を傾け、たとえ怒られたり怒鳴られたりしても、とにかく落ち着いて、お話を伺います。

お客様の声に耳を傾けながら、コミュニケーターは次のポイントを探ろうと努めます。

「このお客様は、なぜ、このようなお問い合わせをされるのか？」

感情を害して怒っているのか、身体への悪影響を心配しているのかについて、お客様との電話でのやりとりを通じて、各コミュニケーターが各自で感じとり、考えます。

しかし、お客様が電話口で本当のお気持ちをそのまま率直に話してくださるとは限りません。商品に何らかの不具合を感じて連絡をくださったお客様はたいてい、まず何が起こったのか、その状況について説明をされることがほとんどです。

そうしたお客様とのやりとりのなかで、いかにお客様の真意を見抜いていくのか、それはマニュアルやＦＡＱでは解決できない問題です。

言葉の背後にある心情を察すること、これしか方法はありません。

仮にお客様の真意が正確にはつかめなかったとしても、コミュニケーターがお客様の真意を真摯に理解しようとしている姿勢が伝われば、お客様は少し安心され、その後の対応もスムーズになっていきます。

◯コミュニケーションスキルをどう育成するか

２０１４年度、カルビーの本社には、お客様相談室に加え、コミュニケーターによる組織「コミュニケーター課」を設置しました。

コミュニケーター課では、「お客様の真意を聴き出す力の強化」のために研修などを積極的に実施し、コミュニケーションスキルの向上を図っています。

たとえば、コミュニケーター育成の一環として取り組んだのが、コミュニケーターのグループをふたつに分けて、他のコミュニケーターがお客様からほめられた通話の録音を聞かせる「グループ・モニタリング」です。これによって、自分がもっていない語彙や使わない言葉づかいなどを学習し、共有することができます。

ではここで、実際にお客様から寄せられた声をもとに、ケーススタディをしてみましょう。

お客様 「フルグラを買ったんですが、どうやって食べるんですか？」

↓

カルビー 「フルグラは朝食時に牛乳、ヨーグルト、豆乳などをかけてお召しあがりになる方が多いようでございます」

たしかに、お客様のご質問にうまく回答していますが、これだけで終わってしまうと、商品の改善・改良へのヒントは生まれません。

この点を意識して、さらに掘り下げていきましょう。

コミュニケーターの聞き込みで、お客様は60代の女性と判明しました。

一般的に、幼少期にシュガー、チョコなどのスイート系シリアルを食べた習慣があまりない人は、大人になってからもシリアルを食べることが少ないという傾向が知られています。ここに着目すれば、次のような疑問が浮かび上がってきます。

「なぜ、シリアルの食べ方を知らないお客様がフルグラを買うのだろうか」

◆フルグラの基本的な食べ方を情報提供

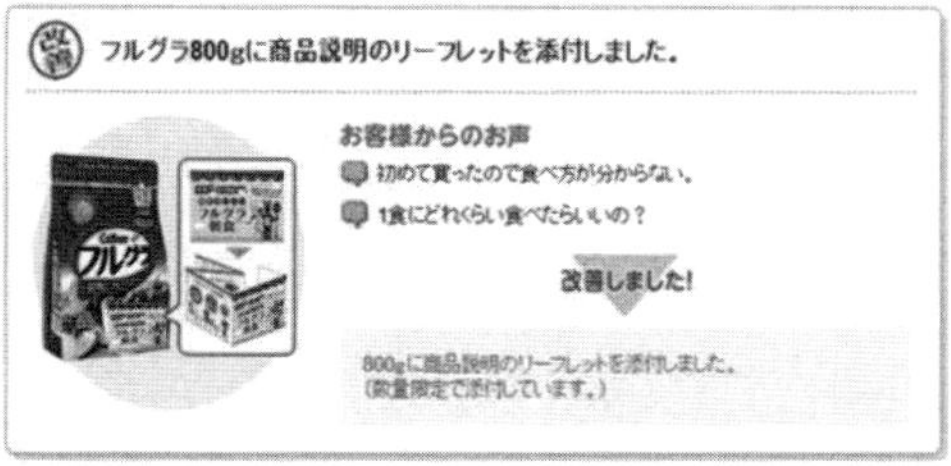

〔第一の対応〕
リーフレットを添付

パッケージ裏面

〔第二の対応〕
パッケージ改版時に
食べ方の説明を印刷

これをお客様に質問してみると、お客様から次のような答えを聞き出すことができました。

お客様　**「お友達から、『これいいから』と勧められて購入したんです」**

つまり、ここでの「お客様の真意を知る」ということは、大人になって初めてシリアルを召し上がるお客様が増えている、という市場の変化を知ることにつながります。

同様の問い合わせが増えてきたことで、市場の変化で、「フルグラの購入層＝シリアルを食べ慣れている人」という、今までの常識が通用しなくなったことが見えてきました。

さっそく、この市場の変化を商品担当者に伝え、第一の対応として商品に（数量限定で）フルグラの食べ方を説明したリーフレットを添付し、第二の対応として、パッケージに「はじめてフルグラを召し上がるお客様向けのわかりやすい食べ方」の説明を載せるようにしたところ、こうした問い合わせがピタッとなくなったのです。

○情報は5W1Hで確認していく

なお、お客様の真意を聞き出す際、お客様からのご説明の後、次のように感謝の気持ちを表したうえで、いくつかの質問をすることについて、お断りを入れるようにしています。

カルビー **「いろいろとご説明、ありがとうございます。他にございませんでしょうか。**

なければ、こちらからいくつかお聞きしてもよろしいでしょうか」

その後、「いつ（When）、どこで（Where）、だれが（Who）、何を（What）、なぜ（Why）、どのように（How）」といった5W1Hの質問をしていきます。

たとえば、「何を（What）」は、お客様が購入された商品は何か、具体的には商品名だけではなく包装袋に記載されている製造所固有番号をお聞きします。また、「だれが（Who）」は、お客様のお名前や連絡先などを確認していきます。

ここで注意すべき点は、お客様からご指摘をいただいた直後は、ほとんどのお客様がネガティブな気持ちをもたれているということです。

そこで、お客様の真意を探るのを急ぐあまり、**根掘り葉掘り尋問をするような会話になってしまうと、余計に不快な思いをされてしまう**ので焦りは禁物です。

また、お客様との会話が長引きそうであれば、すぐに別のコミュニケーター（二次対応者）に代わるように指導しています。

これは、コミュニケーターのストレスケアが第一の目的ですが、加えて対応する人間が交代する「間」をとることで、お客様の気持ちを落ち着かせる効果もあります。お客様が感情的に興奮した状態では、正しい情報を聞き取ることが難しいからです。

その代わり、交代した二次対応者には、お客様とのコミュニケーションをより深めることで、商品やサービスの改善改良に結びつく「気づき」を引き出すように指導しています。

○お客様の「カルテ」をつくって情報共有

コミュニケーターが電話でお客様の真意を引き出したら、その内容を文書にまとめます。カルビーではこの文書を「カルテ」と呼んでいます。

このカルテを記述する際に気をつけているのは、お客様の心理を読み取って、活字として「見える化」することです。

というのも、お客様の心理状態によって、うまくお話を聞ける場合もあれば、お客様が感情的になっているときや、お忙しくて時間がないときなどには、うまくお話を聞けない場合もあります。

お客様の真意をうまく聞き出すことができなかった場合などは、「共有情報」や「ポイント事項」を書く欄をカルテに設け、「お客様は非常にご立腹されていて、詳しいお話が

◆「カルテ」に記録される情報の例

【お電話をいただいたときの状況】★＝お客様、●＝コミュニケーター
お客様★じゃがりこを買いました。先週の金曜日に買って、その日の夜に食べたのですが。じゃがりこが2本くっついていて。うちの（奥様）が、「2本くっついているのが珍しい」と思って見たらしいんですが、　虫のような、蚊のようなものがくっついていたらしいんですよ。

コミュニケーター●お気持ち悪かったと思います。申し訳ございませんでした。

お客様★金曜日に電話したら、もう時間が20時とか21時だったので繋がらなくて、土日も繋がらないといわれて、今日電話しました。

コミュニケーター●ご不快な思いをおかけした上に、お電話が繋がるまでお待ちいただいたことをお詫び。

お客様★虫かどうかわからないんだけどね、じゃがりこの上に黒いものがのっているんだよ。虫めがねでも見たんだけど、蚊みたいな感じなんだよね。

コミュニケーター●お預かりの方法をご相談。お住まいの地域の担当者からの折り返しのお電話を案内。

お客様★そうしてもらえますか？

コミュニケーター●改めてお電話いたします。
※お客様情報確認。ご主人様のお名前、奥様の連絡先、ご住所を伺う
※本日は、お孫様のお迎えがあるとのことで、16～17時はご不在です
※商品情報は、「でももしかしたら虫じゃなくて、何でもないです、といわれてしまうかもしれないし、あまり大げさにしても…」という話になり、情報をききだせませんでした

地域相談員▲（電話受付19分後にお客様にお電話し訪問時間を決めていただく）
地域相談員▲（電話受付1時間30分後、お客様ご自宅訪問、面談者は奥様）

【お詫びに伺ったときの状況】

地域相談員▲お詫びする
お客様★金曜日の夜に主人と食べていて少しして、2本くっついているのをみつけ、珍しい…と思って手に取ったら真ん中辺りに虫みたいなのが、くっついていたので食べるのをやめて、電話しようと思ったのですが、やっていなくて、今日になりました。

地域相談員▲左様でございますか。申し訳ございません。（パッケージ情報を確認すると製造工場は帯広工場である）北海道で製造した商品です。工場に送り工場でわかれば10日前後、わからない場合は外部検査にて調べます。その際には、1か月位お時間を頂きます。わかり次第報告書と代わりのお品をお送りさせて頂きます。お時間頂いて、よろしいでしょうか？

お客様★はい、大丈夫です。

地域相談員▲ありがとうございます。代わりのお品は、如何いたしましょうか？　同じ物でよろしいでしょうか？

お客様★はい、いつもこの青いのか緑のを買って主人と夜食べているんです。

地域相談員▲左様でございますか。ありがとうございます。それにもかかわらず、ご迷惑をお掛けしまして、申し訳ありません。

お客様★いいえ、大丈夫です。

地域相談員▲では代わりのお品は同じ物でご対応させて頂きます。

お客様★はい。おねがいします。

地域相談員▲この度はご迷惑をお掛けいたしまして、大変申し訳ございませんでした。

お客様★わざわざ来て頂いて、申し訳ありません。

地域相談員▲とんでもございません。失礼致します。
※ご自宅訪問の4日後に調査報告書発送。調査結果は打撲＝じゃがいもがぶつかった部分がコルク化したもの
※調査報告書発送3日後に地域相談員からお客様へお電話

【報告書お送り後のご報告電話状況】

地域相談員▲お詫び、報告書お手元に届いておりますでしょうか？

お客様★はい、届きました。

地域相談員▲お読み頂いておわかりにくい点等ございませんでしたでしょうか？

お客様★いいえ、特には。結局虫ではないということで安心しました。

地域相談員▲この度はご迷惑をお掛けいたしまして、大変申し訳ございませんでした。またお気づきの点がございましたら、カルビーフリーダイヤルへのお知らせお待ちしております。失礼します。

聞けませんでしたので、(次の段階の)ご訪問の際に詳細を確認してください」といった備考を書き込んだ形で、お客様の最寄りの支店の地域お客様相談室の担当者(お客様相談員）に情報を伝達することになります。

これには、本社から各支店の地域お客様相談室への引き継ぎをスムーズにするという狙いがあります。また、地域お客様相談室で確認してほしい点があれば、それをカルテに付記しておくこともできます。

このカルテは非常に重要なものです。個人情報などへの配慮は当然のこととして、たとえば、人体への健康被害の懸念があるものや、被害が拡大するおそれがあるため迅速に対応しなければいけない場合（カルビーでは「アラート案件」と呼んでいます）、このカルテの情報は経営トップにも伝わり、その時点からカルビー全体にとっての最優先課題として扱われるようになっています。

仕組み③ 支店のお客様相談員が「2時間以内」にお客様を訪問

本社で作成したお客様のカルテが支店に届くと、次は各支店（地域お客様相談室）のお客様相談員がお客様と綿密なコミュニケーションを図っていきます。

そのコミュニケーションは、「各支店のお客様相談員が訪問する場合は（お客様のご都合を確認したうえで）2時間以内にお客様を訪問」という「2時間ルール」のもとで実施されています。

支店の地域お客様相談室で、本社から送られてきたカルテを確認すると、直ちに支店のお客様相談員がお客様へ連絡をします。

最初の誠意として、「直接お会いしてお詫びしたい」旨をお伝えし、アポイントを取ります。特に時間の制約がないような場合でも、お客様をお待たせするのは「2時間まで」というルールにしています。

また、支店のお客様相談員も、お客様に連絡する際は、まず心からのお詫びの気持ちを表します。

そこからは、事実確認をして判明したことをお客様に対してしっかりと説明するのですが、その後の対応については大きく次の2パターンに分かれます。

訪問時パターン1　ご自宅へ伺い、事実確認と説明をした後、商品をお預り
訪問時パターン2　電話で事実確認と説明をした後、商品の引取り便などを手配

各パターンについて順に説明していきます。

○直接会って誠意を示す

訪問の目的は、「**直接対面してのお詫び**」「**事実確認**」「**ご指摘品のお預かり**」の三点です。

また、本社での一次受付時に聞くことができなかった事実関係を、お客様にお聞きする機会でもあります。

「何が起こったのか」という事実と、「お客様はなぜお問い合わせをくださったのか、お客様の真意はどこにあるのか」を正確に把握することが、お客様に満足していただくための重要なポイントになります。

最初の受付時にはご立腹であったお客様でも、時間の経過によって落ち着きを取り戻されて、多くの情報を話してくださることが多々あります。

また、お客様への訪問には、もうひとつの意図があるからです。

それは、メーカーの人間が直接、不具合があった商品を確認して説明を申し上げることで、お客様が安心されるということです。

この点に関して、ポテトチップスに異物が入っているというご指摘をいただいたお客様のご自宅を訪問し、担当者が商品を確認したときの実例を紹介します。

カルビー

「ポテトチップスの原料となるじゃがいもは自然由来のものであるため、異物のように見えますが、これはじゃがいもの皮だと推測されます。製造段階で取り除けなくて申し訳ございません」

←

お客様「じゃがいもの皮なのね、それなら安心だわ。ありがとう」

この例のように、最初のご訪問時の説明でお客様に安心と納得感を提供できた場合は、これで対応完了とする企業も多いようです。しかし、私たちは訪問時の説明でお客様が納得された場合でも、さらに次のように対応しています。

カルビー「念のため商品をお預かりして、工場で詳しくお調べしたうえで、後ほどご報告いたします」

○お客様から信頼されるリレーションシップ・アプローチ

ご指摘を受けた商品をお預かりする方法についても、次のようにさまざまなご要望があります。

お客様　**「自宅まで引取りに来てもらっては困る」**
「今日は都合が悪い」
「そこまでしてもらわなくても大丈夫です」

このように、お客様のご自宅を直接訪問しない場合の商品の回収では、宅配業者による引取り、お客様からの着払い送付、カルビーからの返信用封筒の送付など、お客様のご要望に応じてさまざまな方法で対応しています。

また、支店の地域お客様相談室に引き継がれる前に、本社のお客様相談室がご指摘を受け付けたときにコミュニケーターがお預かり方法をご案内して決める場合も多くあります。

いずれにしても、このような仕組みをつくったのは、お客様との誠心誠意のコミュニケーションが大切であると考えているからに他なりません。

お客様の真意に近づくために本社のお客様相談室と支店の地域お客様相談室が連携して、お客様とのコミュニケーションを継続していく取り組みを、カルビーでは「リレーションシップ・アプローチ」と呼んでいます。

このリレーションシップ・アプローチこそが、カルビーのお客様対応の強みであり、その中心的な役割を果たすのが支店の地域お客様相談室に所属するお客様相談員です。

お電話をいただいてから、最終的にアンケートでカルビーの評価をもらうまでに、いかにお客様相談員がお客様と綿密なコミュニケーションをとれるかがポイントになっています。

ご指摘対応を通してお客様とのコミュニケーションをとっていくとき、やはり受付時の電話だけではお客様の真意にたどり着くのは難しいでしょう。

だからこそカルビーでは、**お客様との対面によるコミュニケーションを大切にしてお客様の真意にできる限り近づく**ことを目指し、お客様から信頼を得る努力を怠ってはいけないと考えているのです。

仕組み④　商品お預り、工場で原因解明後「２週間以内」に報告書を提出

お客様が不具合を感じた商品は回収され、製造工場の品質管理部門で、入念に品質のチェックを行ない、２週間以内にお客様に報告書を提出します。これが「14日ルール」です。

○報告書はできる限り細かく記す

製造工場、支店の地域お客様相談室、そして本社のお客様相談室が三位一体となってお客様からいただいたご指摘の情報を共有し、お客様へ、きめ細やかな情報提供をしていきます。より詳しい調査をするべきだと判断したときは、必要に応じて外部検査機関に調査を依頼することもあります。

このようなお客様への情報提供で大事なポイントは、できる限り細かい経過報告をお客様へお伝えするということです。

具体的には、商品が工場に到着したとき、地域のお客様相談員が「お客様からお預かりした商品が工場に着きました」「さらに詳しい検査が必要なので、ご回答を差し上げるまでに一週間ほどかかります」といった経過報告を逐一行なうことで、お客様の不安を少しずつ和らげていきます。

報告書は製造工場、あるいは外部の検査機関で出された調査結果に基づき、報告書は工場の品質管理者が作成し、それを、地域のお客様相談員が一度チェックをして仕上げます。

多くのメーカーでは、こうしたご指摘対応は「できれば口頭での説明ですませて文書は出したくない」と考えているようです。なぜなら、文書での報告書というのはよくも悪くも証拠として残るからです。

一方、カルビーでは、どんなときでも「正直に、誠実に」という方針のもと、例外なくお客様に文書で報告書を提出し、お客様の安心と信頼を得たいと考えています。

また、ただ単に文書で報告書を提出すればよいということではなく、「お客様の立場に立った報告書」であることも心がけています。

調査報告書というのは正確さを重視するあまり、専門用語を乱用するなど、堅く難しい表現になりがちです。そこで、私たちは、できる限りお客様の立場に立った報告書にするために、次のようなポイントに留意しています。

○写真やイラストを添えてビジュアルでわかりやすく

ひとつは、何よりわかりやすいこと。そのための工夫として、写真やイラストをふんだんに使い、視覚的にもわかりやすくなるように心がけています。

そしてもうひとつは、お客様の心情を察した文書であること。これは言葉では理解できても、具体的にどうすればいいのかがわからない人が多いのではないでしょうか。

カルビーでは「お客様の真意＝本当に伝えたかったこと、知りたかったこと、わかって欲しかったことなど」に回答しているかどうかで判断しています。この

◆お客様への報告書は写真などを使って極力わかりやすく

判断は、お客様にお会いしている、または何度かお電話でお話している地域お客様相談室が担っています。

あるときお孫さんと一緒に食べていたポテトチップスに異物が入っており、カルビーにご指摘のお電話をくださったお客様がいました。このお客様へのお詫びを報告書に書くと、一般的には、

✖「このたびは異物の混入で誠に申し訳ございませんでした」

といった表現になるでしょう。しかし、これだけではお客様の心情を十分に察した文書とはいえない、と私たちは考えています。

お客様の心情をもう少し深く察すると、次のような言葉が考えられます。

◯「お孫さんとのせっかくの楽しい団欒《だんらん》のひとときを台無しにしてしまい、またご不快な思いをおかけして誠に申し訳ありませんでした」

また、支店の地域お客様相談室の文面チェック後に製造工場から報告書、代品、そしてアンケート用紙をお客様に発送するわけですが、単に送るだけでなく、地域お客様相談室がそれらを送付する前にお客様に概要説明のお電話を入れる、あるいは報告書がお客様に届くタイミングを見計らって「ご不明点はございませんか」と一報を入れるなど、クロージングの先にファンになっていただくことを目指した対応を実施しています。

仕組み⑤ 報告書とアンケートを「2週間以内」にお客様へ提出

○「お客様対応の評価は、お客様にしていただく」

カルビーでは、ご指摘をいただいたお客様には、調査報告書と一緒に、次ページのようなアンケートをお送りしています。

アンケートでは、ご指摘受付時やその後の対応、調査内容、回答のスピードなど、本社、支店、工場各部署の対応の善し悪しについて評価していただくようにお願いしています。

そして、そのアンケートから得られた結果に基づき、今後の対応について改善・改良を進め、さらに多くのお客様に満足いただけるよう取り組んでいます。

このアンケートでは、ご指摘をいただいたお客様にカルビーの商品を再購入していただ

◆報告書に添えるアンケート

お客様への対応に関するアンケートのお願い

このたびは大変ご迷惑をおかけいたしました。
今後のお客様対応に活かしてまいりたいと存じますのでよろしければ
アンケートにご協力いただければ幸いです。

●対応についてどのようにお感じになりましたでしょうか。
該当するものに○をつけてください。

• 対応の早さ	1. 不満	2. ふつう	3. 満足
• 原因調査・再発防止対策	1. 不満	2. ふつう	3. 満足
• 説明の分かりやすさ	1. 不満	2. ふつう	3. 満足
• 受付時の電話（メール）応対について	1. 不満	2. ふつう	3. 満足
• 受付後の対応について	1. 不満	2. ふつう	3. 満足

●弊社の商品について今後いかがお考えでしょうか？
1. もう買わないと思う
2. 今までよりも買うのを控えると思う
3. 今までと変わらず買うと思う
4. 今まで以上に買うと思う

けるかについてもお聞きします。

すると、前に述べたとおり、「今までと変わらず買うと思う」「今まで以上に買うと思う」と95％以上のお客様が答えてくださったという結果が得られました。

○95％という数字におごらずに

ただし、この数字に満足してはいけないと考えています。

それは、次ページに図示したデータからわかるように、各部署の対応に満足はしていないものの、今後もカルビー商品を再購入してくださるというあ

◆再購入率の向上につながる各部署の取り組み

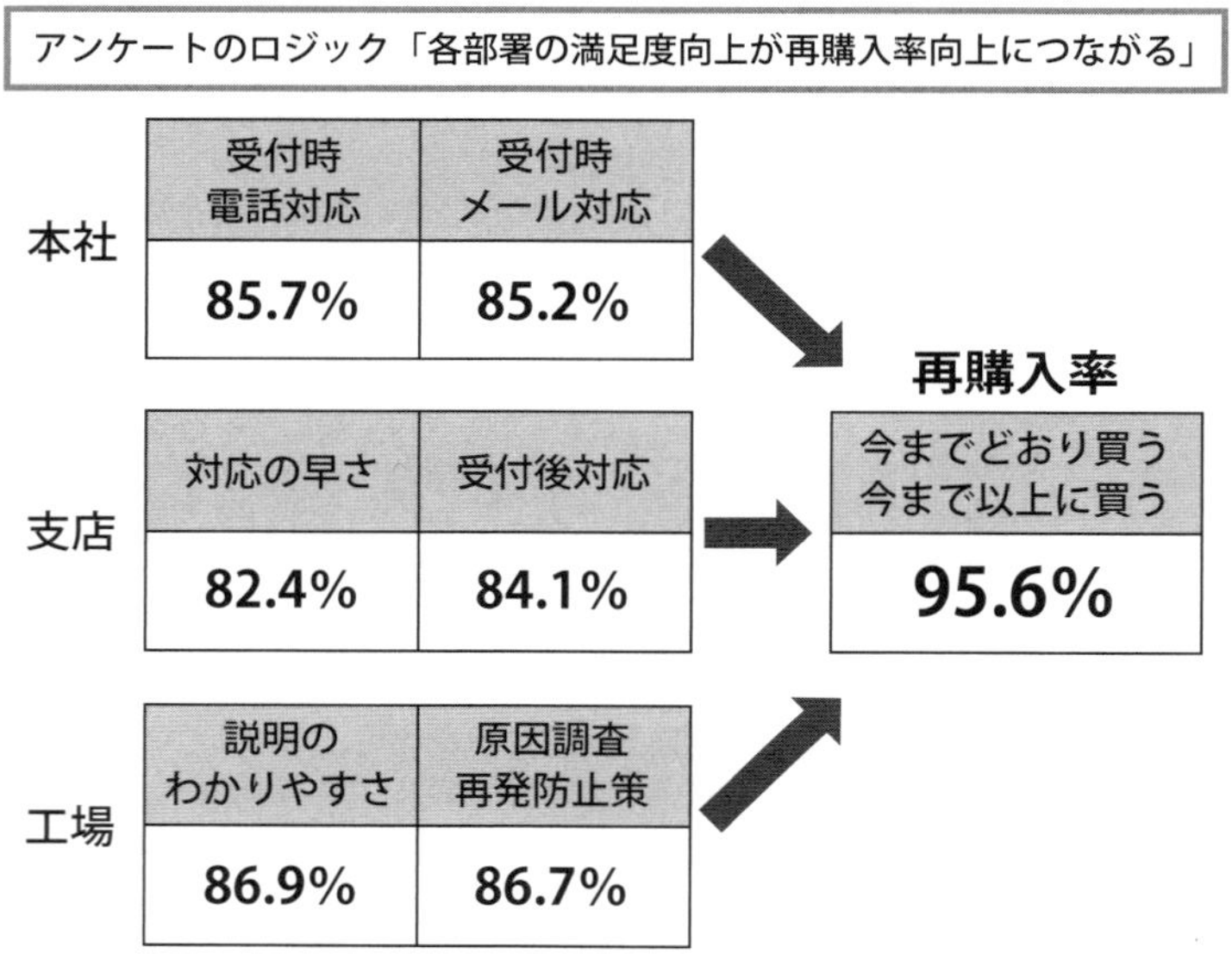

りがたいお客様が10%程度もいる、という仮説も立てられるからです。

また、これまでに培われたカルビーというブランド力に助けられている部分もあります。

だからこそ、私たちは今、再購入率だけに着目するのではなく、各部署の対応に対しての満足度向上に、さらに注力しなければなりません。

この章の冒頭で、「マンパワーだけに頼らず、誰でも再現できるお客様対応を実現するための仕組みづくりが必要だ」と述べました。

しかし、同じ状況でも人の心情はさまざまであることを考慮すると、現実的には仕組みがすべてではなく、個々のスキルや経験といったものもやはり重要です。

カルビーでは「仕組みで80％の満足度」「マンパワーで満足度プラス10％」と考え、ご指摘いただいたお客様からの評価で「満足度90％」を獲得することを目標としています。

消費者庁などとの連携

お客様の心理は、時代や環境によって変化していきます。いい換えれば、今のベストと思われる対応が、将来もそうであり続けるとはいえないということです。

そのために行政と連携した情報収集も重要になってきます。その意味で、カルビーでは、行政主催のセミナーに参加したり、消費者庁を訪問して職員の方からご意見を直接お聞きするといったことにも注力しています。

また、ＡＣＡＰ（消費者関連専門家会議）からのご案内で、消費者庁職員の方にカルビーお客様相談室の研修に参加いただいたこともあり、双方向の活動を継続しています。

研修のプログラムは各メーカーによって異なりますが、カルビーの場合は丸一日かけて行ないます。

◆お客様相談室の電話対応研修プログラムの例

	内　容
午前	朝礼（紹介、滑舌と発声練習）
	お客様相談室概要の説明
	お客様カルテ入力方法の説明
	お客様対応の基本
	事前配布したFAQへの質疑応答
	電話対応のロールプレイング
午後	隣にサポートをつけて実際にお客様の電話対応
	目標件数10件
	１件終了ごとにデータ入力
	サポーターからアドバイス
	片付け、アンケート記入
	まとめ（各自の対応内容のフィードバック、意見交換）
	夕礼（相談室全員と挨拶）、解散

午前中はカルビーの概要と、カルビーのお客様相談室におけるお客様対応の基本的な考え方や仕組みをお客様相談室長からご説明しました。

また、カルビーのお客様相談室で電話指導資格をもっている社員の指導のもと、実際のお客様対応のロールプレイングを行なってもらいます。

そこでは、カルビーの社員がお客様の役割をして、消費者庁職員の方に受け答えを擬似体験していただきます。

もちろん、それだけでは終わり

ません。

午後のプログラムでは、隣にカルビー社員のサポーターがつきますが、消費者庁職員の方に実際にお客様からの電話に出ていただきお客様の声を受けてもらいます。

お客様対応の業務が初めての方にとってはかなりハードな研修内容になっていますが、日々変化していくお客様の心理を理解していただくためには、何よりもお客様の声を直接聞いてもらうのが一番と考えて、このようなプログラム内容としています。

消費者庁職員の方からは、「お客様目線を実践されていることがよくわかり、大変貴重な機会となりました」との感想をいただいています。

第3章

お客様の声を社内へ伝達する

まずは社内の意識を変える

この章では、カルビーのお客様相談室のもうひとつのミッションである「社内の関連部署へお客様の声を伝達する」取り組みについて、詳しく解説していきます。

○VOCを社内の担当部署へ伝える役目

カルビーでは、お客様から寄せられる声を「VOC（Voice Of Customerの略）」と呼んでいます。これはご指摘（クレーム）に限らず、ご意見とかご要望といったお客様の声全般を指しています。

このVOCをお客様相談室から関連部署（品質・生産・開発・商品・販売部門など）へ迅速に伝達することで、新しい商品の開発や、商品・サービスの品質改善・改良といった企業活動への反映につなげていくことも、お客様相談室の大切な仕事です。

◆お客様の声を社内の関連部署に届ける

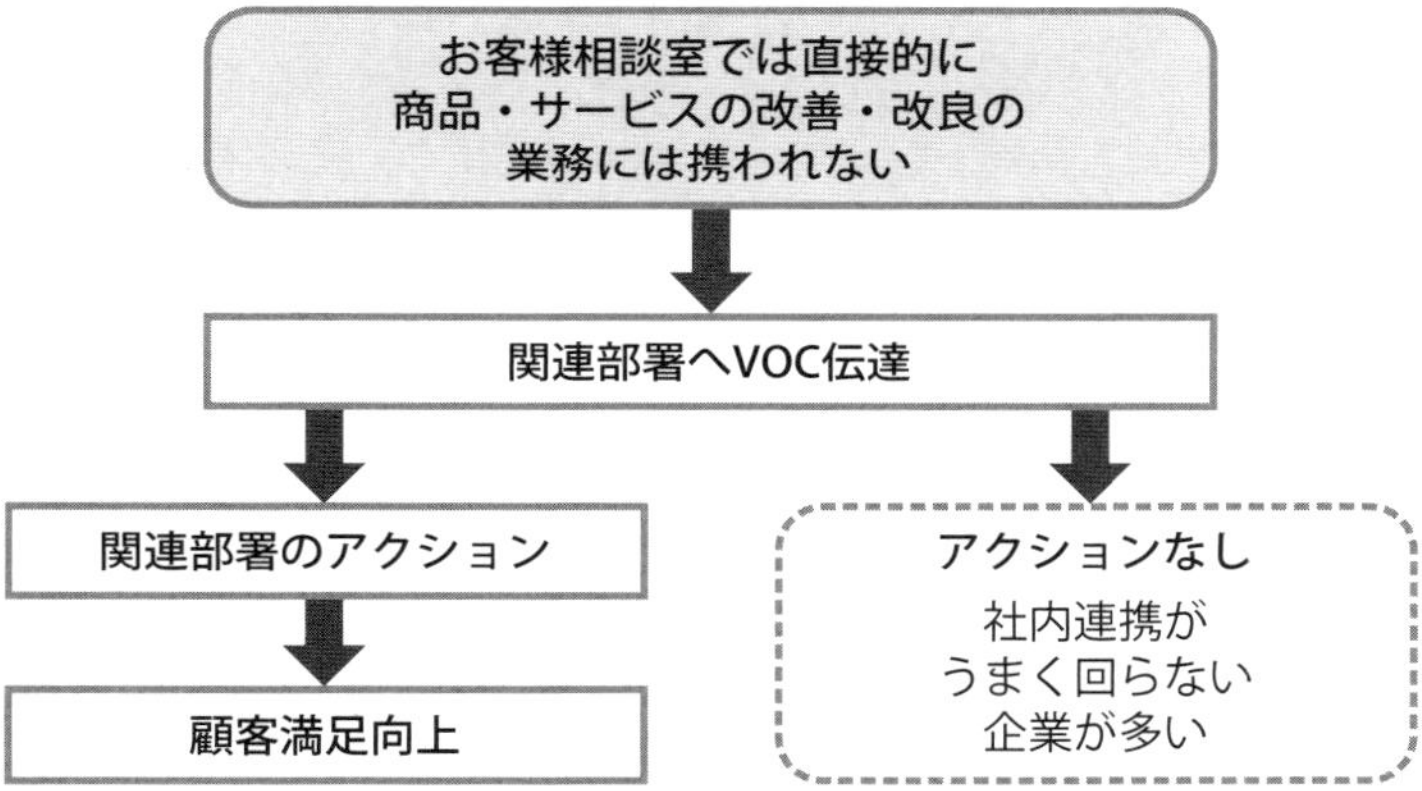

本来、お客様相談室は商品・サービスの品質改善・改良に直接携わることはありません。お客様相談室は、「企業活動に結びつくかもしれないお客様の貴重な声を関連部署に届ける」までが役割です。

しかし、いくらお客様相談室がお客様の声を届けても、声の届け先（関連部署）が何もアクションを起こさなければ、企業活動に活かしたことにはなりません。

カルビーに限らず、クレームや苦情への対応だけでなく、「お客様の声を企業活動に活かそう」と取り組んでいる企業は少なくありません。

ところが、お客様相談室を設置している他の企業の方に話を聞いてみても、「お客様相談室からいろいろ提案しているのですが、他の部署がなかなか動いてくれなくて……」という声が多くあがっています。

実は、私たちも以前はそうした悩みを抱えていました。そのため、お客様から直接声を聞いているコミュニケーターが、社内の各部署が動いてくれないことでストレスを感じたこともありました。

お客様相談室のような業務は一般的に「感情労働」と呼ばれ、お客様への対応でストレスがたまる部署だといわれています。

私自身もお客様相談室に着任した際に、そのことが気がかりだったので、コミュニケーター一人ひとりと面談して、いろいろと話を聞くようにしました。

すると驚いたことに、ほとんどのコミュニケーターが「お客様に対してストレスを感じる」よりも、「社内に対してストレスを感じている」ことがわかったのです。

つまり、そのストレスの原因は、コミュニケーターがお客様から一所懸命、引き出したＶＯＣをそれぞれの担当部署に提案しても、その提案に対して「担当部署から何の回答もリアクションもない」という状況にあったのです。

せっかくお客様から聞き出した改善・改良のヒントを関係部署へ伝えても、何もしてくれない、何も変わらないのでは、伝える甲斐がないというものです。

そこで、コミュニケーターのストレスマネジメントの一環として取り組んだことは、お客様相談室が提案したことに対して無視したり黙殺したりするのではなく、社内の担当部署から何らかの回答を速やかにもらうということでした。

そのために「VOCによる改善サイクル」の仕組みづくりが必要と考え、先行している企業を訪問してお話を聞かせていただきました。そのような企業の多くは、「より論拠のある提案へ」を謳い文句にして、さまざまな「(顧客の) 声の分析システム」を導入されていました。

しかし、そのようなシステムによる会議資料作成の時間削減などの効果についてはどの企業も認めていたものの、本来の目的である改善件数の拡大・改善スピードのアップにつながった事例はほとんどなかったのが実情でした。

そこで、私たちは次のように考えました。

「仕組みづくりよりも、その前の『お客様本位の意識づけ』が重要である」

○お客様の生の声を直接聞くことの大切さ

私たちは、やはりお客様対応の肝となる部分、「お客様本位の徹底」というスローガンをもう一度全社員で見直し、次の３つのポイントについて真剣に考えることにしたのです。

- **お客様の声を大事にしなければ、真意を知ることができないのではないか？**
- **お客様の声を大事にしなければ、チャンスを見逃してしまうのではないか？**
- **お客様の声を大事にしなければ、企業ブランドに傷がついてしまわないか？**

さらには、カルビーのグループビジョンで、なぜステークホルダーに順番をつけたのか、なぜ最初に「顧客」という言葉をもってきたのか、ということを改めて確認しました。こうした考え方が社内全体に浸透するように、お客様相談室主導で「意識づけ」の取り組みに着手したのです。

意識づけの取り組み①　モニタリング研修

「お客様のお声は担当者に申し伝えます」

これは、多くの企業でお客様からご意見、ご要望をいただいた際によく使われる言葉です。その後、担当者に口頭で連絡、会議の場での提案などの対応をするのが一般的だと思います。

しかし、カルビーでは「担当者あるいは関係部署だけへ声を伝達する」よりも「全従業員がお客様の生の声を聞く」ことが重要であると、極めてシンプルに考えました。

企業のさまざまな部署は、お客様の声の重要性を認識していると思いますが、ほとんどの部署はお客様の「生の声」を直接聞いていないのではないでしょうか。

カルビーは、「企業活動はお客様に支えられている」ということを、あらゆる部署で再確認するため、〝モニタリングデスク〟をお客様相談室内に設置しました。これによって、リアルタイムでお客様の声を聞こう、という取り組みに着手したのです。

その取り組みが、２０１４年度から実施している「カルビー流　モニタリング研修」です。

このモニタリング研修は、年に二か月、集中期間を設定して、品質保証担当者や商品開発担当者、工場の品質担当者はもちろんのこと、会長・社長の経営トップを含む役員まで、すべての社員がお客様の声を実際に聞いて、その重要性を再認識するという目的ではじまりました。

ちなみに役員、品質保証担当者、商品担当者は2時間、それ以外の部署の社員は1時間のモニタリング研修を実施しています。

部署、役職の垣根を越えた情報共有

モニタリング研修をはじめて3年が経ち、社内ではVOCを共有する意識づけが次第に強化されていきました。実際に2016年度は、約900名の社員がVOCを聴講し、企業活動にどう役立てていくかを真剣に考えました。

しかし、モニタリング研修は、決まった期間に集中的に実施しているため、その期間を過ぎて時間が経つと意識づけの効果が薄れていくことも否めません。

そこで、次のようなもう一つの取り組みを開始しました。

○情報の鮮度と臨場感を重視する

意識づけの取り組み②　「これはみんなに伝えたい」という声を全従業員に毎日発信

カルビーでは、2013年度より導入したシステム「ライトサイド」を活用して、お客様の声を社内全体で共有し、商品の開発や改良などに活かす取り組みをしています。
ライトサイドとは、顧客情報の共有やお客様からカルビーに寄せられる声を記録するシステムで、電話を受け付けるコミュニケーター以外でも、個人情報に関わる部分を除いた情報を、従業員が閲覧できるようにしています。

お客様からの問い合わせを受けたコミュニケーターが、「ぜひ、この声は社内に伝えたい」「これは社内で共有すべき声だ」と感じた場合に、お客様カルテの「気づき」欄に、そう感じた理由などを「気づき」として記入します。

この「気づき」が記入されたお客様カルテを、翌日の午前中にお客様相談室のＶＯＣチームがいくつかセレクトし、コミュニケーション内容と気づきを全従業員にメールで配信します。その際、従業員に毎日読んでもらえることを意識して、セレクトする件数は最大3件としています。

ここでのポイントは、情報の鮮度を保つために毎日発信することと、臨場感を出すためにコミュニケーション内容をメールにベタ打ちすることです。それまでは週に一度、お客

◆お客様の声をメールで社内共有

＊＊＊＊＊＊＊＊＊＊＊＊＊＊＊＊＊＊＊＊＊＊＊＊＊＊＊＊＊＊＊
お客様相談室から、お客様の声をお送りします。
ご意見・ご要望は、コーポレート・コミュニケーション本部後藤もしくは本アドレスまで
＊＊＊＊＊＊＊＊＊＊＊＊＊＊＊＊＊＊＊＊＊＊＊＊＊＊＊＊＊＊＊

【受付No.15012125「90gかっぱえびせん」】
お客様の声：カルビーのためにいいます。塩をものすごく減らしたらいいんじゃないですか？　普通のと減塩のと２種類を出したらいいんじゃないでしょうか？　今はプリン体０とか色々あるので、そのようにしたらいいんじゃないかと思います。

カルビーお客様相談室：現在、研究中でございます。

お客様の声：早くしてもらわないと困るよ。もう80になるんだから死んじゃう。くれぐれもご理解のほどを！

■気づき
既にご検討いただいている件ですが、やはり高齢者世代は減塩願望が非常に強いです。元気で長生きしたい気持ちの表れだと感じます。特に、長年食べ続けているえびせんへの期待が高い要望が多いです。

様の声をパワーポイントにまとめていましたが、スピーディーに毎日発信するようにしたところ、従業員から、

「実は私もそう思っていました」

「うちの子どもが同じことをいっていました」

といったメールが返って来るようになりました。また以前に比べて、およそ5倍の数の従業員からの返信が届くようになりました。

このように、メールで全社員に知らせることによって、ＶＯＣに対する意識づけを図ることができると同時に、さらにお客様からの声に応える対策の実施を促す効果にもつながっています。

意識の共有が仕組みの定着率を高める

「あ、私がカルビーに提案したことを実現してくれた！」

お客様にこういっていただくことが、ＶＯＣ活用の理想的なかたちですが、そのためにはいかに関連部署へ的確にＶＯＣを伝達し、「おお、それはいいね！」と、行動に移してもらえるかどうかが課題になってきます。

ところが、先に述べたとおり、多くの企業の悩みとして、いくら関連部署へＶＯＣを伝達をしても、アクションはもとより、提案に対する回答がなかなかもらえないというジレンマが生じます。

また、こうしたＶＯＣがあっても関連部署が動かない理由として、ＶＯＣの受け手が通常業務に追われている場合、どうしても「優先度が低い」と考えてしまい、話がいつの間にか流されてしまうことがあげられます。

従来、お客様から提案（ＶＯＣ）があった場合、ＶＯＣの伝達先は、商品の場合は商品担当者、品質の場合は製造工場の品質担当者というように、個人宛てとなっていました。

しかしながら、同じ提案でも個人の感じ方はさまざまなので、優先順位も変わってきます。このバラツキが「せっかく提案したのに回答がない」というコミュニケーターのストレスの原因になっていたのです。

この個人の感じ方の違いによる改善へのアクションのバラツキを是正するための仕組みとして、「ＶＯＣ改善サイクル」の構築が次に課題となりました。

お客様の声を商品改善に反映

以前から、お客様相談室内に設置されたＶＯＣチームでは週に一度、先に説明したコミュニケーターがカルテに記入した「気づき」を検討し、提案すべきＶＯＣを選出して、それぞれの担当者に改善提案をしていました。

前に説明した、ＶＯＣへの意識づけを徹底できるようになってきたタイミングで個別担当者への改善提案を廃止し、商品についてはマーケティング本部、品質については品質保証本部などのように、各本部への提案ができるよう、定例ミーティングを開催し、提案案件には各本部から必ず回答がもらえるようにすることを目指しました。

○商品改善に向けた週ごとのＶＯＣミーティング

また、以前から実施している週一回の「ＶＯＣミーティング」に、マーケティング本部のコミュニケーション担当部署の責任者が定例メンバーとして参加することになりました。

その結果、提案に対してその場で回答がすぐに得られるケースも増えました。その場で回答ができない案件は、マーケティング本部にもち帰って部内で検討され、遅くとも翌月にはお客様相談室へ回答が返ってくるようになりました。

これによって、コミュニケーターの「提案したのに回答がない」というストレスが大幅に解消されました。

しかし、まだ回答が翌月に返ってくるようになったというレベルなので、お客様の満足に直結するような「改善件数拡大」「改善スピードアップ」を今後の課題として、新たな取り組みが必要だと考えています。

○品質改善のための月次VOCミーティング

危害性、拡大性、法律違反などが懸念されるお客様からのご指摘については、緊急案件とし、その発生時点で関係部署の最優先事項となり、事実確認、改善、再発防止に取り組みます。

◆VOCを社内の関連部署に伝える伝達サイクル（2016年度）

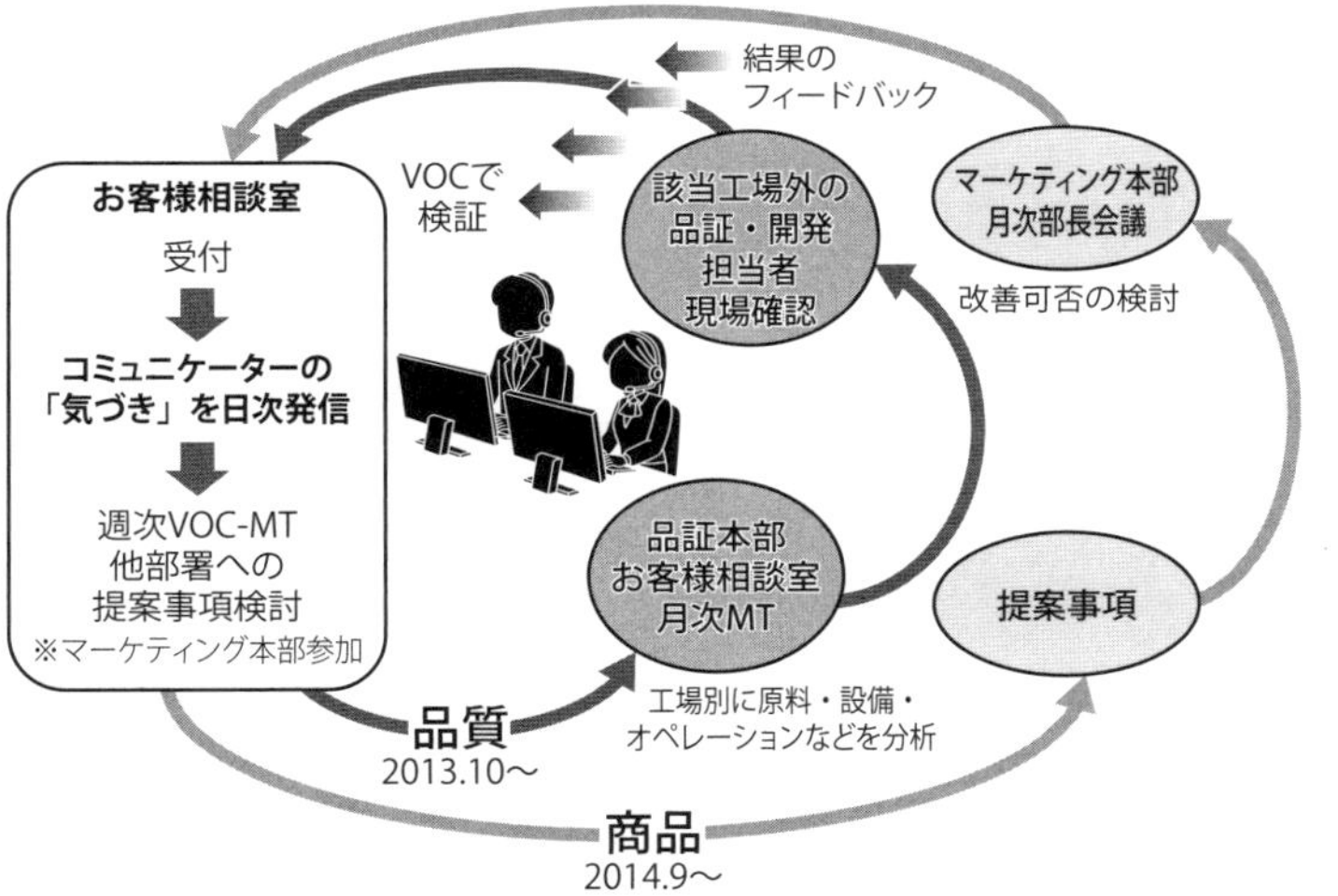

その一方で月次の品質改善ミーティングでは、緊急案件以外の「気になるご指摘」を検討し、大事に至る前に改善することを目的としています。

この改善は、工場の現場関係者だけではなく、本社の品質保証や商品開発担当者も一緒に現場で確認するところからはじまります。原材料、設備、オペレーションの３点に着目して要因分析をしたうえで、さまざまな視点で再発防止策を検討し、予防対策を決定していきます。

こうして決定された改善事項および予防対策は、それぞれお客様相談室へとフィードバックされ、それをもとに新たなＶＯＣの検証が行なわれます。

それによって、お客様からのご指摘が減少すれば改善成功、減少しなければまだ課題解決に至っていないということが一目瞭然で把握できるようになりました。

このように、ＶＯＣの声のモニタリングや、毎日配信のＶＯＣメールによって従業員に対して意識づけを行なって土台をつくったうえで、週次、月次のＶＯＣミーティングという仕組みを構築していったのです。

お客様の期待にできる限り応える——VOCによって改善されたこと

私たちは、VOCから実に多くのことを学んでいます。

第1章では、VOCがきっかけとなって新しい減塩の「かっぱえびせん」が誕生した事例をご紹介しましたが、他にも多くのVOCが商品やサービス改善に活かされています。

ここでは、そのいくつかをご紹介します。

・製品に含まれるアレルゲンが一目でわかるよう、パッケージに表示

お客様

「製品に含まれるアレルゲンをわかりやすく袋に表示してほしい！」

「原材料名を見ただけでは、アレルゲンとなる食品が使われているのか使われていないのかわかりにくい……」

「入っているアレルゲンを袋に記載してほしい！」

◆商品パッケージに印刷されたアレルゲンの表記

【例】ポテトチップスコンソメパンチ

名称	ポテトチップス
原材料名	じゃがいも(遺伝子組換えでない)、植物油、チキンコンソメパウダー(小麦・大豆・豚肉を含む)、砂糖、食塩、デキストリン、コーンスターチ、粉末しょうゆ、粉末ソース(りんごを含む)、オニオンエキスパウダー、香辛料、ビーフコンソメパウダー、トマトパウダー、発酵トマトエキスパウダー、キャロットパウダー、調味動物油脂、梅肉パウダー / 調味料(アミノ酸等)、香料(ごまを含む)、カラメル色素、酸味料、パプリカ色素、甘味料(ステビア)、香辛料抽出物、ベニコウジ色素
内容量	60g
賞味期限	表面に記載
保存方法	直射日光の当たる所、高温多湿の所での保存はさけてください。
	カルビー株式会社 東京都千代田区丸の内1-8-3
	製造所固有記号はこの面の右上に記載

取扱上の注意:開封後はお早めにお召し上がりください。

本品に含まれているアレルゲン
〈特定原材料及びそれに準ずるものを表示〉

小麦・牛肉・ごま・大豆・鶏肉・豚肉・りんご

本品は卵・乳成分・えび・かにを含む製品と共通の設備で製造しています。

そんなお客様の声（VOC）が、多く寄せられました。

そこで、右の例のように、製品に含まれるアレルゲン（27品目）が一目でわかるよう、パッケージに表示しました。

・期間限定だった「ポテトチップスしあわせバタ～」が定番商品に！

お客様

「期間限定なんて残念……。いつでも食べたいです！」

「こんなに美味しいのに、期間限定なんてもったいない！」

「期間限定ではなくずっと販売してほしい」

そんなお客様の声が、多く寄せられました。

そこで、お客様のご要望にお応えして、「ポテトチップスしあわせバタ～」を定番商品にしました。

・「ポテトチップス関西だししょうゆ」のＢＩＧサイズを追加！

お客様

「みんなで食べたいので大きな袋を出してほしい！」

「１袋じゃ物足りない……。もう少し量を増やしてほしい！」

そんなお客様の声が、多く寄せられました。
そこで、お客様の声にお応えして2013年8月、BIGサイズ（165グラム）を近畿地区で発売しました。ご家族やお友達と一緒にお召し上がりいただけるように増量しました。

・「フルグラ®」のパッケージにジッパーが付きました

お客様「**ジッパーがないので保存が不便……。他の容器に移すのも面倒です！**」
「**一度に食べ切れないのでジッパーを付けてほしい！**」

そんなお客様の声が、多く寄せられました。
そこで、2013年2月から、パッケージにジッパーを付けて発売しました。

・商品パッケージに製造場所を表示しました。

お客様「**どこで製造しているのかわからない**」

「製造記号ではなく製造場所（○○県）を書いてほしい！」

そんなお客様の声にお応えして、下の図のように商品パッケージに製造場所を表示したところ、「製造している工場の場所がすべて書いてあるのでわかりやすい！」という声をいただきました。

・「じゃがりこ」のＬサイズが新登場！

お客様

「あっという間に食べちゃうので、もうちょっと量を増やしてほしい！」

「大好きなので、もう少し食べごたえのある長さにしてほしい！」

そんなお客様の声が、多く寄せられました。

そこで、少し長めの〝じゃがりこＬサイズ〟（サラダ72グラム、

◆製造所固有記号の表示

製造所固有記号＋ NU 01234 AHG33

製造所固有記号 C:北海道 NU:栃木県 Y:埼玉県 G:岐阜県 b:滋賀県 M:広島県 K:鹿児島県

チーズ70グラム）を発売しました。

・再発売のご要望が高かった、「ポテトチップスフレンチサラダ」を復活発売！

お客様

「あんなに美味しいのに、なぜフレンチサラダはなくなってしまったのですか？」

「最近は毎日『フレンチサラダをもう一度食べたい』と願っています。
是非復活させてください！」

「あの味がもう一度食べたい！」

「ポテトチップスのなかではフレンチサラダが一番好きだった」

そんなお客様の熱い声にお応えして、「フレンチサラダ味」を再発売しました。

＊

ここにご紹介したVOC改善例は、ほんの一部です。
「なぜ、そこまでしてお客様の声を商品に取り入れるのか？」
そんな疑問をもたれる方もいるかもしれません。

しかし、私たちは、ＶＯＣを商品に反映することは、何も特別なことだとは考えていません。

なぜなら、それがカルビー流の「お客様本位」を具現化することに他ならないからです。

「お客様本位」といってしまえば、たしかに聞こえはいいかもしれません。

ですが、お客様が私たちに発してくださる声というのは、裏を返せば、このようなことだと私たちは考えています。

「私たち消費者は、カルビーに期待しているんだよ」

このような期待に応えるためにも、お客様の声に謙虚に耳を傾け、貴重なＶＯＣをけっして埋もれさせることなく、日々大切にしながら企業活動に役立てているというわけです。

思い込みで対応しないための事前準備

○慣れや思い込みを排除する

コミュニケーターがお客様からご指摘をいただく場合に、気をつけていることがあります。それは、**推測によって自分（自社）に都合のよい返答をしない**、ということです。

日々、お客様と接しているコミュニケーターであれば、お客様の話を聞いているうちに、その内容が前に遭遇した事例と似ていると気づく場合が多々あります。

たとえば、原料に起因するご指摘であれば、

✖「これは、じゃがいも同士がぶつかって皮が黒くなったものでございます」

✕「これは、じゃがいもが陽に当たって緑になる緑化でございます」

といった返答などがその例にあたります。

お客様から「どのような原因が考えられますか？」と聞かれればそうした原因をお答えしてもよいのですが、原因を聞かれないうちに先回りしてわかったような返答をしないように指導しています。

なぜなら、先回りする返答は、コミュニケーターの思い込みによる断定的な返答になってしまう場合が多々あるからです。

「見ていないのに、そんなことがなぜわかるの？」

お客様からこういわれてしまえば、返す言葉もありません。

では、そうした場合に、どのような返答をするのがよいのでしょうか。

〇「現品を見ておりませんので、お預かりさせてください」

これがカルビーお客様相談室の正解です。

○事前の情報も漏れなくチェック

ただし、これだけでは、まだお客様本位の徹底とはいえません。

そこで、カルビーのお客様相談室では、お客様からのご指摘に対してより正確に返答するために、VOCへの先行対応の準備をしています。

たとえば、「じゃがいもの焦げ目が混じる」といった原料に起因する不具合の可能性については、事前に工場の品質担当者から次のような情報が入るようになっています。

「先週、○○工場で製造した○○という商品に使用したじゃがいもの糖分が若干高いので、もしかしたら、よく召し上がるお客様から『焦げているよ』という声が増えるかもしれません」

もちろん、これは、カルビーが定めている合格品質の基準内のものです。

それでも、その商品を頻繁に購入される、いわゆる〝ヘビーユーザー〟のお客様からすれば、「ふだんよりも焦げている」と感じられるかもしれません。

そういった事前情報を工場の品質担当者から入手しておくことで、コミュニケーターはお客様の購入された商品の情報と照らし合わせ、不具合が発生する可能性を判断することができるのです。

ただし、前にも述べたとおり、これは断定的な返答として使用することはできませんので、あくまでも参考情報として取り扱うことになります。

お客様の声が品質基準の向上につながる

○お客様の要求水準が以前よりも高度になっている

お客様からいただくお電話のなかには、商品自体に問題はないけれど、より高い品質を要求されるご指摘もあります。
私たちは、そうしたご指摘に対しても、「ありがたい声」という認識で受け止め、丁寧に対応しています。

お客様 **「何か、いつもと違うんです……」**

このご指摘は、ここ数年で増えています。

それはポテトチップスでも、かっぱえびせんでも同様で、このようなご指摘はカルビーだけでなく他の食品メーカーでも増加しているようです。

カルビーの場合、こうしたご指摘に対しては、すべてのケースで商品をお預かりして調べることにしています。

その調査結果を見てみると、まったく問題がないといった事例がほとんどなので、

カルビー **「お預かりした商品を調べてみたところ、通常の品質基準でございました」**

とご報告します。

すると、以前であればたいていお客様のほうから「あら、私の勘違いだったのね」と、あっさりと納得してくださることが多かったのですが、今のお客様は要求水準が高まっています。そのため、

お客様「**私はカルビーさんが大好きでいつも食べているのに、（その私のいうことを）信じてもらえなかった**」

と残念な思いをされるお客様が増えているということに気づきました。

そうはいっても、真実をねじ曲げたご報告はできませんので、品質保証担当の役員の了承をとったうえで、現在では次のような文言を報告書の最後に付け加えることにしています。

カルビー「**基準内での品質のばらつきを、お客様がいつもお召しあがりくださっているからこそ、敏感にお感じになられたのだと推察致します**」

実は、「推察致します」という言葉は、以前であれば使用しませんでした。なぜなら、表現が曖昧だからです。

しかし、品質基準を満たしているのに、お客様が「それでも何かが違う」とおっしゃるのであれば、お客様の主張を否定するのではなく、いわば落としどころのある報告書にしなければなりません。

もちろん、嘘をつくことはできません。事実をねじ曲げることなく、お客様の真意に少しでも近づいた報告書にすることで、

お客様「あ、カルビーは私のいうことを信じてくれた」

とお客様にご納得いただくのです。

○じゃがいものデリケートな品質に気づくお客様

実際に、お客様の「何か、いつもと違う」という感覚には、もっともな理由が隠されているケースがあります。それは、ポテトチップスなどの原料に使われているじゃがいもの品種や生産地の違いによるものです。

実は、日本国内だけでも、じゃがいもにはさまざまな産地や品種による微妙な違いがあ

ります。

たとえば、北海道産のじゃがいもは水分が少ないため、貯蔵することが可能ですが、他の地域で収穫されたじゃがいもは水分が多いため腐りやすく、収穫したらすぐに加工する必要があります。

もちろん、いくら種類や産地が千差万別といえども、カルビーの製品として市場に出荷するものは、一定の品質基準を満たさなければなりません。

そこで、製品の品質をできるだけ均一にするために、製造工程の油で揚げるときの温度や時間を調節したり、じゃがいものスライス幅をコンマ何ミリのレベルで微調整したり、といった工夫をしています。

また、じゃがいものような農作物には、それぞれ適した収穫時期があります。したがって、一年を通じて商品を安定的に供給するためには、さまざまな産地の原料を計画的に使用しなければなりません。

実際、ポテトチップスで使用する国産じゃがいもの産地は、桜前線と同じように南から北上してきます。日本で最初にじゃがいもが収穫されるのは5月、場所は鹿児島です。

そこから北上し、8月には北海道で収穫がはじまるのですが、先ほども述べたとおり、北海道産のじゃがいもは貯蔵が可能なので10月上旬まで収穫して、翌年の5月にまた鹿児島産が収穫されるまでの間、商品に必要な分を貯蔵しているわけです。

こうした原料の事情があるため、いつもカルビーのポテトチップスを食べていて、なおかつ味覚の鋭いお客様であれば、「何かいつもと違う」と、微妙な違いに気づかれることもありえる話なのです。

自社工場の改善パトロールで再発防止に努める

カルビーのお客様相談室では、お客様からご指摘いただいた改善すべき点や再発防止策をまとめて、お客様に報告書として提出していますが、それを単なる口約束にしてはいけません。実際に行動に移さなければ、お客様を満足させることはできません。

そこで具体的には、各支店のお客様相談員が工場の品質保証会議に参加したり、ご指摘を受けた商品を製造している工場をパトロールしたりするという取り組みを実施しています。

○お客様相談室のメンバーが工場を視察

これは、報告書に記載されていた再発防止策が、実際に製造の現場レベルで共有され、実施されているかどうかをチェックするためです。

こうした取り組みは、おそらく多くの食品メーカーでも行なわれているとは思いますが、多くの場合、「工場内のメンバー」だけで行なわれているケースが多いのではないでしょうか。

しかし、カルビーでは実際にお客様対応をしているお客様相談員が自ら工場内のパトロールに参加することを徹底しています。

それは、お客様相談室の人間が直接お客様とお約束したことを守るという信義上の理由からです。これを実行することで、お客様に対して「私自身が現場に行って確認しました」と、胸を張っていえるようになります。

もちろん単に「工場パトロールを実施すればよい」というものではありません。根本的な対策につなげて、問題が解決されることが本来の目的です。

ところが現実には、問題が多少改善はしているものの、十分に解決できていないケースがあります。

その場合は、「もしかしたら別の原因があるかもしれない」と考え、さらに別の角度から詳細な調査を行なうことで、これまで目に見えなかった新たな改善策の糸口を発見できる、というメリットも生まれます。

○工場で行なわれる「官能チェック」

また、こうした工場のパトロール以外にも、官能検査員による「官能チェック（官能検査）」が工場内で実施されています。

官能チェックとは、数値的に出ない部分を人間の五感（視覚・聴覚・味覚・嗅覚・触覚など）を用いて、商品の品質を判定する検査のことをいいます。

カルビーの商品でいえば、スナック菓子類など、各工場で製造されるすべての商品に対してさまざまなトレーニングを積んだ官能検査員が官能チェックを実施しています。

なぜ、官能検査員を配置してまで商品の品質チェックに余念がないのかといえば、いつもカルビーの商品を召し上がってくださるお客様こそが、実はもっとも優秀な官能検査員であると考えているからです。

そうしたお客様と同等以上の品質チェックをするには、レベルの高い官能検査員が必要になります。そして、関連部署が気づいていない問題がないかを確認し、あれば改善して、大きな問題につながることを未然に防ぐようにしているのです。

これは、前に述べた「いつもと何か違う」というお客様からの声が増えてきた状況に対するリスクマネジメント対策の一環でもあります。

徹底したトレーサビリティの確立

○「色が薄くてきれい」がセールスポイント

カルビーの主力商品の原料であるじゃがいもについて、もう少しだけ触れておきたいと思います。

ご存知でない方もいらっしゃるかもしれませんが、カルビーのポテトチップスは商品のコンセプトとして、「色が薄くてきれい」という特徴があります。

カルビーのポテトチップスを選んで購入されたお客様には、召し上がる前に、目で見て、視覚でも楽しまれるという方が多いのです。

ところが、じゃがいもには収穫される時期や産地によって、糖分が高くなる品種があります。糖分が高いと、加熱した際に焦げ目がつきやすく、そのためチップの色が濃くなる場合があります。

しかし、カルビーのポテトチップスは、前述のように色がきれいでなければなりません。そこで、色味基準を厳しく管理するために、一定基準以上に色の濃いチップは製造工程で光センサーによる機械チェックではじき、次に機械ではじききれなかったチップを人間の目でチェックして手作業ではじくようにしています。

取り除いた部分はむだがないように、飼料や菌床などに再利用しています。2016年度の再資源化率は99・6%でした。

○トレーサビリティを厳格に管理

そこまでしても、ある時期になると「ポテトチップスの色が濃くて焦げているように感じる」というお客様からのご指摘が増えることがあります。

その原因を調べてみると、「特定の時期に特定の畑で収穫されるじゃがいもの糖度が高い」ということが、だんだんわかってきました。

これは、カルビーの徹底した「トレーサビリティ」の確立が背景にあります。

トレーサビリティとは、食品メーカーの安全基準を確保するために、栽培や飼育から加工・製造・流通などの過程を明確にすることです。もちろん、ポテトチップスで使用するじゃがいもも例外ではありません。

たとえば、工場で使用するじゃがいもの産地はどこか、誰の畑で栽培されたものか、品種は何でどんな特徴があるのか、といったことをすべて追跡できる仕組みになっています。

また、糖度が高いじゃがいもを使用するときには、通常よりも人員を増やして焦げなどをチェックするようにしています。

こうした人海戦術を取らざるをえない理由は、自然由来の原料を使う商品では、オール・オートメーション（完全無人化）することが難しいためです。

Break Time

お客様からよくいただく質問

では、ここで少しだけ、カルビーのお客様相談室にお客様から寄せられる、特に多い質問をいくつか紹介したいと思います。

「へー、そうだったんだ！」という目からウロコの質問から、「たしかに前から気になっていたんだよね！」といった質問までをご用意しました。

Q：カルビーの社名の由来は何ですか？

A：カルビーの社名はカルシウムの「カル」と、ビタミンB１の「ビー」を組み合わせた造語です。

カルシウムはミネラルのなかでも代表的な栄養素、ビタミンB１はビタミンB群のなかでも中心的な栄養素です。１９５５年、「みなさまの健康に役立つ商品づくりを目指して」という思いを込めてつけられました。

Q：「かっぱえびせん」の名前の由来は何ですか？

A：かっぱのキャラクター商品が由来です。

昭和20年代に故・清水崑画伯作の「かっぱ天国」という漫画が流行しました。

そのころ小麦粉からあられをつくり、発売していたカルビーでは清水氏にお願いして、かっぱのキャラクターを商品のパッケージに描いていただき、「かっぱあられ」シリーズとしてお客様に親しんでいただきました。

「かっぱえびせん」は、そのシリーズ最後の商品です。

１９６４年の発売当時からパッケージにはえびを主役に表示しているので、かっぱの絵はついていなかったのですが、名前だけが今でも残り、「かっぱえびせん」といえばカルビーのお菓子だとお客様に覚えていただけるまでになりました。

Q：ポテトチップスに使用するじゃがいもは、どのような種類ですか？

A：じゃがいもには生食用と加工用があり、後者を使用しています。

料理に使うじゃがいもは生食用と呼ばれ、男爵やメークインなどの種類があります。

ポテトチップスの原料になるのは加工用じゃがいもで、トヨシロ、スノーデンなどの種類があります。

加工用じゃがいもは、「皮がむきやすい」「薄くスライスできる」「こげにくい」など、ポテトチップスをつくるのに適した特徴があります。

Q：「じゃがりこ」のキャラクターがキリンなのはなぜですか？　またそれぞれの名前は何ですか？

A：「食べだしたらきり（キリン）がない」ということで、キリンをキャラクターに採用しました。

「かっぱえびせん」のキャッチフレーズは、「やめられない　とまらない」ですが、「じゃがりこ」は「食べだしたらきり（キリン）がない」お菓子ということで、キリンをキャラクターに採用しました。

一見単なるダジャレのようですが、その真意は「先輩商品の『かっぱえびせん』にあやかり、多くのお客様に長く愛されるお菓子になってほしい」という担当者一同の願いが込められています。

また、それぞれのキリンには次のような名前がついています。

サラダ……じゃがお
チーズ……りかこ
じゃがバター……じゃが作
みにかっぷサラダ……ミツル
みにかっぷチーズ……ニコ

Q：カルビー商品の賞味期限はどのように決めているのですか？

A：賞味期限は、官能検査と理化学検査（油劣化、水分）の結果をもとに設定しています。

■官能検査（試食検査）

商品を恒温室（同じ温度・照明を保つ入れもの）内に保存し、一定期間経ったものを官能検査にかけて、評価する方法です。

■油劣化検査

商品を恒温室内に保存し、同じ評価で油劣化を分析する検査です。

カルビーの品質基準では指標として、過酸化物価（POV）、酸価（AV）を使用しています。袋タイプスナック商品は4か月、「じゃがりこ」は3か月の賞味期限を設定しています（商品により異なる場合があります）。

Q：アレルギー物質をどう表示していますか？

A：特定原材料7品目と、可能な限り表示することが推奨された20品目を原材料名欄に表記しています。

アレルギー表示が義務づけられた特定原材料7品目（卵、乳、小麦、えび、かに、そば、落花生）と、可能な限り表示することが推奨された20品目（あわび、いか、いくら、オレンジ、カシューナッツ、キウイフルーツ、牛肉、くるみ、ごま、さけ、さば、大豆、鶏肉、バナナ、豚肉、まつたけ、もも、やまいも、りんご、ゼラチン）についても使用している場合には原材料名欄に表記しています。

なお、同じ工場内で異なった商品をつくっており、製造ラインもほとんどが兼用となっています。そのため、重篤なアレルギー体質の方は、原材料名に記載がない場合でも、兼用ライン工程で製造した商品を食べてもよいかどうか、かかりつけの医師にご相談いただき、ご判断願います。

Q：「じゃがポックル」は通信販売していますか？

A：「じゃがポックル」は通信販売を行なっていません。

一部のファンに絶大な支持をいただいている「じゃがポックル」。他の商品と異なり、手づくりに近い生産をしていることと、年間を通して厳選した北海道産のじゃがいものみを使用しているため、生産数に限りがあります。

そのため、販売については北海道での店頭販売のみとなっております。

Q：工場見学について教えてください。

A：北海道にある北海道工場と、栃木県にある清原工場で工場見学を実施しています。

カルビーでは、全国2か所で工場見学を実施しています。

北海道千歳市：北海道工場（ポテトチップス・フルグラの製造工場）

栃木県宇都宮市：清原工場（フルグラ・かっぱえびせん製造工場）

第4章

ネット、SNS時代におけるお客様対応

4

カルビーの「ソーシャルメディアポリシー」

○ソーシャルメディアと、どうつきあうか

スマートフォンの普及とともに、ツイッターやフェイスブックなどのＳＮＳ（ソーシャルネットワーキングサービス）は、私たちの生活に不可欠のインフラとなりました。

こうした流れは企業のマーケティング戦略においても、大きな影響を及ぼしていると感じます。それは、カルビーにおいてもけっして例外ではありません。

カルビーのような菓子メーカーは、小売業と違って、基本的には消費者との接点をもっていませんでした。

もちろん、旧来のメディアを通した広報活動や宣伝活動は行なってきましたが、ＳＮＳのようにカジュアルな形でメーカーと消費者が双方向に直接つながることのできるメディ

◆カルビーのSNS公式アカウント

Facebook

Twitter

Instagram

YouTube

LINE@と、そのQRコード

アは、これまでは存在しませんでした。

カルビーでも現在は、お客様のコミュニケーションの質の多様化を受けて、お客様がお使いになられているそれぞれのＳＮＳを接点として、カルビーをより知って楽しんでいただけるよう、各種ＳＮＳに対応した公式アカウントを運営しています。

カルビーにとって、ネットやＳＮＳの活用は、お客様とのコミュニケーションを大切にしていくうえで、もはや欠かせないツールになっています。

○カルビーの「ソーシャルメディアポリシー」とは

そうしたなか、カルビーでは「ソーシャルメディアポリシー」として、２０１４年３月に次のような規約を制定しました。

私たちカルビーグループの役員および従業員（契約社員等の全構成員を含む。以下「私たち」と言う）は、ソーシャルメディアを、お客様との大切なコミュニケーションの場と考えています。カルビーグループは、ビジョンとして「顧客・取引先から、次に従業員とその家族から、そしてコミュニティから、最後に株主から尊敬され、賞賛され、そして愛される会社になる」ことを掲げています。また、私たちが常に大切にしなければならない基本姿勢を「カルビーグループ行動規範」として定めています。つきましては、これらを踏まえ、ソーシャルメディアに対する基本姿勢をメディアポリシーとして定めます。

基本姿勢

- 私たちは、良識ある社会人として誠実な態度でコミュニケーションを行います。
- 私たちは、第三者の発言に謙虚に耳を傾ける姿勢をもちます。
- 私たちは、情報の発信や対応に責任をもち、誤解が生じないように充分注意をします。
- 私たちは、著作権や肖像権、プライバシーなどの第三者の権利を尊重します。
- 私たちは、法令・その他社会規範を遵守します。

こうしたソーシャルメディアポリシーに則って、自社ブランドの強みを最大限に活かせるようなソーシャルメディア戦略こそが、企業の業績アップにつながっていく時代であると私たちは考えています。

お客様相談室でも、ソーシャルメディアをお客様との大切なコミュニケーションの場と位置づけて、ＳＮＳ担当部署との連携を今まで以上に深め、ファン拡大につなげるよう心がけているところです。

企業としてSNSにどう向き合い、どう活用するか

カルビーでは、2005年からウェブサイトを使い、積極的にお客様とのコミュニケーションを図っています。

ウェブサイトで展開しているファンクラブ「カルサポ!」や「それいけ! じゃがり校」などでは会員登録機能を用意しており、お客様ご自身で会員登録することが可能です。こちらは現在登録会員が70万人を超えています。

○お客様との接点となるソーシャルメディア

ところが最近では、前述のようにお客様とのコミュニケーションの質が変わり、より気軽なものが求められています。

そのため、もっと気軽にカルビーとお客様が出会える接点として、フェイスブックやツ

イッターなどのソーシャルメディアの活用が企業にとっても重要な経営課題となったのです。

実は、こうしたソーシャルメディアを活用する企業として、カルビーは後発の印象があるかもしれませんが、その理由として次の3つの課題がありました。

ひとつ目の課題は、お客様相談室に寄せられるお客様のネガティブな声に過敏になっていたことです。前に述べたとおり、お客様相談室に寄せられるお客様の声（ＶＯＣ）は、毎月レポートとして全社で共有されています。ＳＮＳに寄せられるＶＯＣに、オープンな場所であるＳＮＳでどう誠実に対応できるか、二の足を踏んだところがあったのです。

ふたつ目の課題は、ＳＮＳがもつ匿名性という特徴です。

たとえば、フェイスブックでは実名性が求められるので、ある程度はお客様の顔が見えることもあり、これまでのコミュニティの延長線上で運用可能と考えられました。しかし、ツイッターでは実名性が求められない点と、ツイッターならではの雰囲気やカルチャーのなかに、カルビーとしてどうやって入っていくかという不安がありました。

そこで、週の前半にその週の投稿内容について、週の後半に次週に何を投稿するかについて編集会議で検討することにしました。また、ツイッターの雰囲気に馴染むように、会議でも気軽な空気感を意識しながら話をするようにしたのです。

そして最後の課題が、企業の「ソーシャルメディア疲れ」です。

ちょうど、カルビーがＳＮＳに取り組もうとしていたまさにそのとき、多くの企業が、ソーシャルメディアに過敏に反応して、いわゆる「ソーシャルメディア疲れ」を起こしていました。

ただ、私たちもお客様のネットやＳＮＳでのコミュニケーション手法が変わってきていることを認識していました。お客様が忙しい時間のなかで、もっと気軽に企業と出会える接点を求めているとも感じていました。

そこでカルビーでは、時代や世代に合わせた「ソーシャルメディア・コミュニケーション」を進めていくために、お客様相談室、マーケティング担当部署、コミュニティ運営担当部署など、さまざまな部門の人間を集め、２０１３年にＳＮＳ対策プロジェクトを発足させたのです。

○浮かび上がるユーザーの属性や世代による特徴

そもそも、カルビーのウェブサイトやＳＮＳを利用するお客様とは、いったい、どんな方々なのでしょうか。

その利用者属性を見ると、ウェブサイト（ホームページ）を訪問されるのは35～55歳の方がメインになっています。

では、それより下の世代のお客様とどうコミュニケーションするかを考えたとき、25～35歳の方とはフェイスブック、15～25歳の方とはツイッターが適していると判断しました。

つまり、世代によってコミュニケーションツールが変わるのに合わせて、カルビーも世代ごとにコミュニケーションを変えていく必要があるという結論に至りました。

こうしたウェブサイトとＳＮＳを連動したソーシャルメディア戦略に取り組んでわかってきたことがあります。

それは、テレビＣＭといったマスメディア広告だけでなく、ウェブサイトやフェイスブック、ツイッターといった**複数の接点があるお客様のほうが、カルビーに対する好感度、満足度が高くなる**ということです。これは、社内の調査によりわかった結果です。

さらにありがたいことに、そのようなお客様は、カルビーからの商品に関するウェブサイトやＳＮＳへの投稿に対して反応がよく、満足されている実感があります。

もちろん、商品の情報だけではなく、企業活動の情報も届けられるようにコンテンツのバランスを考えて投稿することを心がけています。

パートナーの力を借りながらも自社でのSNS運用にこだわる

カルビーのフェイスブック登録者数は、現在約11万7000人（17年6月末時点）です。そのエンゲージメント率（反応率）は母数が増えると少しずつ下がっていくのですが、2015年4月当時、登録者数3万8千人であった同規模の企業のエンゲージメント率が平均1・9％なのに対し、カルビーのそれは約4％と非常に高いスコアを示しました。これは菓子メーカーに限らず、食品メーカーにおいてもトップクラスに位置します。

ここでは、このような高いエンゲージメント率を、なぜ達成できたのかについて解説していきたいと思います。

○コンテンツ作成は社内で

カルビーのフェイスブックページは、ＷＥＢ課（最終章で説明します）で運用を担当していますが、レポートや投稿の一部にはSNSパートナー企業にサポートしてもらうという体制をとっています。

その投稿内容については、投稿する月の前々月に担当メンバーによる編集会議で決めるようにしています。また、お客様相談室や広報部に集まる多くの情報から、フェイスブックページのファン層にマッチする情報を取捨選択し、パートナー企業と相談しながらアレンジを加えていきます。

ここで重要なポイントは、投稿の作成をパートナー企業に任せきりにしない、ということです。なぜなら、投稿作成のすべてをパートナー企業に丸投げしてしまうと、知見やノウハウが蓄積できないからです。

そこでカルビーでは、社内でコンテンツを決めて作成も行なうという体制をとり、素材集めから編集して投稿するまで、他の業務と並行しながら短いもので1時間、長いものだと数日かけてコンテンツを作成します。

最近は、他の企業とのコラボレーションも増えてきていて、そういったときにはもう少しコンテンツ作成に要する準備期間が長くなります。

　また、コンテンツの運用状況については、投稿が終わった時点で、パートナー企業からレポートをもらい、二時間程度の報告会を実施して改善点などを話し合います。

◯ソーシャルメディアに適した情報発信とは

　このように自社でSNSを運用することで、SNSで取り扱うべき情報が何か、という知見を得ることができました。たとえば、コンビニ限定商品のように、販売先が限定されている商品については、コーポレートサイトにリリースを載せていないこともあるので、ソーシャルメディアで配信するのが最適だと判断しています。

　一方で、全国一斉発売の商品はコーポレートサイトとソーシャルメディアの両方に載せる、といった判断基準を設けています。また、フェイスブックでは、エンゲージメント率を増やすように意識しながら、お客様に楽しんで参加してもらえる企画として、コメント投稿を応募できるキャンペーンを企画しました。

　コメントを投稿していただいた方のなかから当選者を選んで当選をお知らせし、社内データベースの個人情報入力フォームに誘導するという仕組みを構築しています。少し煩雑な作業になりますが、この方法を活用することで約9割ぐらいの方から返答があります。

ＳＮＳの特徴を最大限活かせているかどうかの効果測定は、投稿ごとのリーチ数やエンゲージメント数で確認しています。現在は、コメントキャンペーンの効果もあって、フェイスブックのエンゲージメント率も当初の目標どおり推移しています。

○お客様の生の声が聞けるツイッター

また、カルビーのウェブサイトの最近のアクセス解析を見ていると、アクセス数が急激に増えるタイミングがあり、その多くがツイッター経由だということがわかりました。テレビで商品やお店が取り上げられると、まずツイッターで話題になり、ウェブサイトにも流入していくというパターンと同じです。

ツイッターへの配信を開始した当初はフォロワー数も少なく試行錯誤を繰り返していましたが、現在ではツイッターと相性のよい話題や商品などの知見も蓄積することができるとともに、お客様の生の声がツイッターで拡散していく、というメリットも実感しています。

SNS時代に求められるメーカーと小売業者の関係

２０１４年12月から２０１５年前半にかけて、他企業の商品の異物混入がネットやSNSで拡散され、それに関する報道やネットニュースが半年余り続いたことがありました。当時を振り返ってみると、あのときがカルビーのお客様相談室としてネットやSNS社会でのお客様対応を見直すターニングポイントだったような気がします。

○顧客対応でも小売業者の信頼を得ることが企業の業績向上に結びつく

そのようななか、実はまったく予想していなかったことがあります。

それは、小売業者がメーカーのお客様対応に注力するようになったということです。ネットやSNS社会が急速に発展している現在、小売業者は、自社のプライベートブランド（以下、PB）商品を本格的に売り出しています。そうした状況下では、PB商品に何か不具合が発生したときには、商品を製造しているメーカー名ではなく、小売業者のPB名がネットやSNSなどで掲載されてしまうことが多くなります。

それでも当然ながら、お客様の一次対応はメーカーが行なう場合が多いので、小売業者はメーカーにきちんとしたお客様対応をしてもらえるかどうかを危惧しているというわけです。そこで、小売業者からPB製品製造メーカーに対して、「お客様対応のルールをもう一度見直してください」という要望が2015年度から出はじめました。

ネガティブ情報がネットで拡散するという環境下では、今までどおりの対応ではお客様満足を実現できない、と考えるのも当然でしょう。

これは、製造を委託するメーカーに求める重要指標として、「品質」「製造原価」「デリバリー」という3指標に、「お客様対応品質」が加わったと捉えることができます。

そこでカルビーでは、お客様対応品質が売上に直接影響するという考えのもと、トップ判断で新しい部署を設置し、カルビーのお客様対応の進捗や内容について小売業者の品質担当部署や顧客対応部署とリアルタイムで情報共有するよう取り組んでいます。

ネットやSNS社会における
リスクマネジメント

「御社のソーシャルメディア戦略は?」

こう尋ねられて、自信をもって答えられるお客様相談室の担当者はどれくらいいるでしょうか。

もはや、フェイスブックやツイッターは新しいSNSではありませんが、相手が見えないからこそ、いまだに試行錯誤しているという企業も少なくないはずです。

また、LINEやインスタグラムといった急速にユーザーを増やしているSNSも登場するなど、それぞれのサービスで特色が異なるのも、企業にとってのソーシャルメディア戦略が難しい要因のひとつではないでしょうか。

○ＳＮＳ活用のメリットとデメリット

こうしたＳＮＳ時代において、お客様相談室がＳＮＳを活用するメリットとは何でしょうか。

それは、大きく次の３つがあげられます。

1. 簡単かつスピーディにお客様とのコミュニケーションがとれる

2. 最新の投稿から企業やブランドの個性を感じてもらえる

3. 画像やコメントのシェアによって情報共有が確実にできる

一方、最近では特にＳＮＳを活用するデメリットも顕在化しています。それは、大きく次の３つがあげられます。

1. ＳＮＳで炎上した際の信頼や評価の低下

2. 情報漏えい時の影響が大きい

3. 一度拡散してしまった情報は収拾がつかなくなる

こうしたデメリットによって、多くの企業のお客様相談室がＳＮＳの活用についてリスクを感じ、躊躇している部分もあると思います。

カルビーのお客様相談室でも、３年前ぐらいからよい意味でも悪い意味でも「ネット炎上へのリスクマネジメント」が、ソーシャルメディア戦略における課題のひとつとなりました。

つまり、事実かどうかとは関係のないところで、誤った情報が事実としてネットやＳＮＳ上で拡散してしまう。そんなときに、お客様相談室としてどう対応すればよいのかを事前に考えておかなければなりません。

でなければ、不祥事を起こしたメーカーがどんな言葉を述べて謝罪したか、どんな対応をしたかというストーリーまでがネットに掲載されてしまうからです。

その対応次第で、ネットで炎上するのか、事態が収拾するのかが決まるといっても過言ではありません。

○炎上のリスクとどう向き合うか

以前、ある企業のお客様対応で、担当者がお客様を訪問し、クレームを受けた商品を確認して、「通常では、そのようなことはありません」と返答してしまった事例がありました。その担当者はけっして悪気があったわけではなく、丁寧に対応しているという考えだったそうです。

ところが、お客様に「調べてもいないのに、どうしてそんなことがわかるの？」と不信感をもたれてしまい、それをお客様がネットに投稿したところ、「この企業の対応はいただけない」という声が続出して炎上してしまいました。

この事例は、けっして対岸の火事ではありません。ここから私たちが学んだことは、事実云々に関係なく、ネットやＳＮＳで情報が広まってしまうリスクが存在する、ということでした。

では、ＳＮＳのメリットを活かしつつ、こうしたリスクやデメリットを軽減するにはどうすればよいのでしょうか。

◆ネット監視システム会社と連携しながらSNSを活用

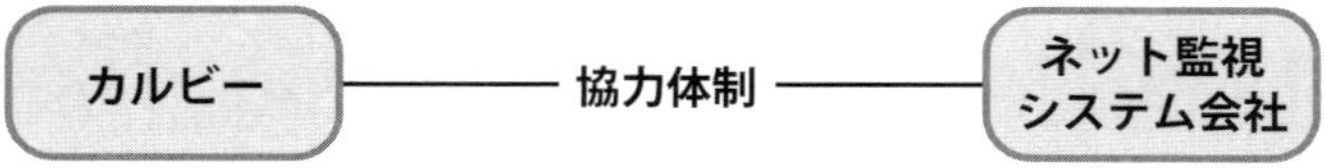

❶監視キーワードやネガティブワードを事前登録
（ニュース報道などでネガティブワードを短期間限定で追加する場合もあり）

↓

❷システム監視＋専任担当者による有人監視チェック

↓

❸マイナス情報が見つかった際は、お客様相談室などに報告

ちょうど企業の不祥事や、食品メーカーの異物混入による回収騒動などに関係するネット炎上が話題になりはじめたころ、「ネット監視システム会社」という業者が、雨後のタケノコのように誕生しました。

これは、「ネットパトロール」など呼ばれることもあるのですが、「24時間、３６５日、すべてのネット情報の監視を、私どもが代わってやりますよ」というサービスを提供する会社です。カルビーも２０１５年の５月からネット監視システム会社にネットパトロールを依頼することになりました。

カルビーにとってのネガティブワードをあらかじめ登録しておき、ネット監視システム会社があらゆるネット上の情報をチェックし、そのネガティブワードが検知されれば、カルビーのお客様相談室長と、広報の責任者、リスク管理の責任者、の三者にメールが届くようになっています。

ネットやSNSの世界でもお客様対応は一つひとつ丁寧に

こうしたネットやSNS内のキーワード検索や、投稿に対する反応の善し悪しを把握することによって、自社のファンがどこにいるのかを把握することも可能となります。

また、前述のネット監視システム会社では、企業にとってのネガティブワードのネットパトロールの他に、「炎上を事前に防ぐお客様対応」のノウハウを提供するサービスも用意しており、企業のリスクマネジメントにひと役買っているようです。

○企業を擁護してくれるファンの存在

しかし、カルビーは、ネガティブワードの事実確認こそネット監視システム会社に委託していますが、お客様対応のノウハウ提供までは受けていません。

なぜなら、果てしなく広いネットやSNSの世界には、いろいろなユーザーが存在し、文字や文章だけではお客様の真意は見えないからです。そのような状況に、企業が介入して炎上を防ぐということ自体がそもそも不可能なことではないか、また、炎上というマイナスの拡散があるのなら、それとは逆にプラスの拡散もあるのではないか、と考えるからです。

つまり、カルビーが直接介入するのではなく、第三者であるカルビーのお客様が擁護のツイートや情報の拡散をしてくれれば、自然にネガティブな話題がネットやSNS上から消えていく――それを目指そうと考えたのです。

多くの企業ではマイナス面ばかりに気を取られがちですが、カルビーでは、「カルビーに代わってカルビーのよいところを発信してくれる人＝カルビーとしてのプラスの効果をしっかりケアしてくれる人＝カルビーのファン」という視点でSNS社会に対応していこう、と考えて活動していくことになりました。

実際に、カルビーのファンがSNS上でカルビーの擁護をしてくれた、大変ありがたい事例がありました。

それは、あるお客様がSNS上で「じゃがりこに虫が入っている！」と投稿したことに対して、ファンの方が、こう説明をしてくださったのです。

「ちがうでしょ」➡「じゃがいもの皮だよ」➡「どこかに説明が書いてあったよ」➡「ここ見てごらん（カルビーのサイトへのリンク）」

このように、「虫が入っている」と勘違いされたお客様をカルビーのサイトへと誘導してくれたことで、「なんだ、じゃがいもの皮だったのか、勘違いしていた」と、このお客様の疑問が解消されたのです。

したがって、お客様の自己解決につながるサイトをタイミングよく準備しておくことが、SNS社会では重要だ、と私たちは考えています。

○SNS社会におけるメディアへの対応

これまでに述べたソーシャルメディアの仕組みは、ネットやSNSだけに限らず、そこから派生するマスコミの情報発信への対応策としても有効だと考えています。

というのも、ネットやSNSで拡散、炎上したクレームについて、マスコミは同じような事例が過去になかったのかを10年ほど遡って調べて、その当時のお客様にもインタビュー取材をすることがあるからです。

たとえば、過去のお客様が、「いや、私にも誠意がない対応でした」と答えたとすれば、まさに格好のニュースソースになるわけです。

しかし、「いや、そんなことなかったよ、カルビーさん、私のときは丁寧に対応してくれました」となれば、これはあまりニュースにならないのでネガティブな情報がそれ以上拡がることを防げるでしょう。

結局、お客様対応に便利な特効薬などはありません。電話でも対面でもネットでも、お客様対応とは、一つひとつの案件に対して「漏れのない丁寧な対応を積み重ねること」、これ以外に道はないのです。それを真摯に、そして愚直に継続することこそが、お客様の信頼を勝ち取ることにつながると私たちは考えています。

ネットにしてもＳＮＳにしても、時代の要請としてけっして避けては通れない存在ですし、つき合っていかざるをえません。しかし、大きなメリットがある反面、使い方を誤ればリスクがあるのも事実です。そうした、いわば光と影をもつという両面をしっかりと認識したうえで、誠実なお客様対応を心がけていくことで、はじめてネットやＳＮＳのメリットを享受することができると信じています。

「相談室だより」でお客様の声の〝鮮度〟を大切にする

ここまで述べたとおり、カルビーのお客様相談室では、ネットやSNSを介したお客様とのコミュニケーションに力を入れており、その重要性は今後もさらに増していくと考えています。

ウェブサイトでの日常的な情報発信では、お客様の声をもとに、コーポレートサイト内のお客様相談室「よくいただくご質問」や「相談室だより」を更新し、お客様が〝今知りたい〟ことをタイムリーに発信することを心がけています。

「最近、お客様からこのような質問が多いな」

カルビーのお客様相談室でそう感じるものがひとつでもあれば、ネットやSNSを活用してお客様の声に対して迅速に対応しています。

そのひとつに、「相談室だより」があります。

この「相談室だより」は、お客様の声の〝鮮度〟を大切にする、さらにはお客様の疑問にクイックレスポンスでお答えするという目的で、コーポレートサイトに掲載しています。

これによって、お客様の質問や疑問などの自己解決や、ツイッターなどSNSの誤った情報の拡散防止につながり、さらに、お客様の「誤解」が「理解」に変わることを期待しています。

先に述べたネット監視システム会社のリサーチによって、いろいろなことがわかってきたことも関係しています。そのひとつとして、お客様は、わざわざカルビーのお客様相談室に電話をしなくとも、**ご自身で調べられる情報であれば調べて自分で解決したいと考える方が増えている**ことがあげられます。

たとえば、ポテトチップスやじゃがりこに関して、じゃがいもの皮などの原料に起因して付着したものを、「何か異物が入っている！」と心配されるお客様が多くいらっしゃいます。

そうしたお客様がネットで「じゃがりこ　異物」といったキーワードを検索したときに、カルビーのコーポレートサイト内でしっかり説明がなされていれば、お客様ご自身で「誤解」を「理解」に変え、ご自分で案件をクローズすることができます。
また、誤解して心配されているお客様の投稿に対し、別のお客様がカルビーのサイトで説明されていることをツイートして教えてくださるケースも数多く起きています。まさに企業が伝えたいことを、企業に代わって代弁してくださる大変ありがたいお客様です。

つまり、ネットやＳＮＳを活用されているお客様の行動導線を先読みして、正しい情報を迅速に提供する。これが、お客様相談室の主導により情報発信している「相談室だより」のメリットなのです。

カルビーの商品を購入されたお客様がその商品に対して何か不具合を感じたとき、お客様相談室への連絡までには至らないけれども、それを自分で調べようとするための解決の受け皿を、ネットを通じて用意しているといえます。

さらに、同じような疑問をもたれたお客様に対し、ネットやＳＮＳで自己解決されたお客様がカルビーに代わって正しい情報を発信してくれるというのが理想だと考えています。

なお、第３章末のブレークタイムでご紹介した「よくいただく質問」と、先ほどの「相

◆「相談室だより」のウェブサイト

談室だより」の情報発信の違いは、「よくいただく質問」はお客様の声がメインなのに対し、「相談室だより」はカルビーから「こんなことを知ってほしい！」というコンテンツを用意し、積極的に情報発信したいという思いが込められている点です。

SNSで話題沸騰！韓国で大ブームの「ハニーバターチップ」

企業の商品がネットやSNSで大きな話題となり、爆発的なヒットにつながることも、今では珍しいことではありません。

カルビーと業務提携している韓国の製菓メーカー「ヘテ製菓」から発売された「ハニーバターチップ」が空前の大ヒットを記録したときの事例をご紹介しましょう。

このハニーバターチップは、カルビーが２０１２年から期間限定で発売してきた「ポテトチップスしあわせバタ～」を参考にアレンジされ、商品開発されたものです。

ハニーバターチップは、２０１４年８月に発売されて以来、ＳＮＳなどの口コミで人気を呼び、発売開始４か月で１３６億ウォン（約13億6千万円）の売上を記録しました。

韓国のお菓子業界では、月間売上高が10億ウォン（約1億円）を超えればヒット商品とされているなか、ハニーバターチップの人気はその常識をはるかに超え、大ヒットとなったのです。

ヘテ製菓は、製造工場を3交代制の24時間フル稼働体制で対応にあたりましたが、コンビニやスーパーでは品薄状態が続き、さまざまなニュースで取り上げられました。

また、ハニーバターチップの販売店や在庫状況をリアルタイムで教えてくれる「ハニーバターチップ発見アプリ」が登場したり、お客様が苦労して注文したのにハニーバターチップ16袋入りのダンボールが、宅配業者の配達途中で何者かに盗まれる事件が起こるなど、一種の社会現象を巻き起こす人気ぶりでした。

○芸能人のツイートがきっかけで大ブレイク

実は、こうした人気を呼んだのは、韓国の芸能人のSNSがきっかけだったのです。

女優でタレントのソ・ユジンさんは、自身のインスタグラムに「あなた最近、私になぜそんなことをするの。魅力を発散しないで。お願いだから私から遠く離れて」という書き込みとハニーバターチップの写真を掲載しました。

また、歌手でタレントのソイさんも自身のインスタグラムに「ハニーバターチップ1袋に人生の希望を見た」と記し、ハニーバターチップを食べている写真を掲載しました。

さらには、カン・ミンギョンさんも自身のツイッターに「コンビニ5か所、スーパー2か所を回ったけど、どこにも君はいなかった」という書き込みを投稿したり、元KARAのニコルさん、JYJのジェジュンさんなど、韓国を代表する人気スターたちがSNSでハニーバターチップのファンであることをつぶやいてくれたのです。

こうしたことが影響して、ネットオークションで一時は定価の3倍以上の値がつくほどのヒット商品となったのです。まさに、SNSの力を思い知らされた出来事でした。

第5章

カルビーお客様相談室のファンづくり

5

お客様相談室は「ファンづくり」の部署である

本書の最終章として、カルビーの「ファンをつくるお客様対応」について、ご紹介していきたいと思います。

○ファンづくりの大切さ

繰り返しになりますが、カルビーは、お客様相談室を単なるお客様からの相談やご指摘の対応窓口ではなく、「ファンづくり」を担う部署として位置づけています。

お客様相談室は過去には広報部、営業本部、CRMグループ内に組織されていましたが、2017年度からは、企業コミュニケーションを統括する「コーポレート・コミュニケーション本部」のCS推進部に所属しています。

コーポレート・コミュニケーション本部には、CS推進部のほかに広報部が所属しており、コミュニケーション先（対マスコミ、対お客様）で組織分けをしています。またCS推進部にはお客様相談室のほか、SNS上のコミュニケーションを担当するWEB課、主に小学校での食育授業を実践するスナックスクールチームがあり、「カルビーのファンになってもらいたい」ということを目指して一人ひとりが日々の仕事に向き合っています。

では、そもそも企業におけるファンづくりとは、いったいどのようなことでしょうか。

○お客様とのコミュニケーションでファン拡大を目指す

お客様相談室を「苦情対応部署」と位置づけると、経営への効果は「損失金額の極小化」（顧客がカルビーから離反しないようにする）となるのに対し、「ファンづくり部署」と位置づけた場合は「継続的な売上の確保」（ファンをつくって顧客拡大）となると、私たちは解釈しています。

ただ、企業におけるファンづくりといえば、「広報の仕事ではないか」と考えている方も多いのではないでしょうか。たしかに、企業のPR戦略のひとつとして、そうした考え方もあるかもしれません。

なぜなら、先に述べたネットやＳＮＳ、さらにはコマーシャルや店頭でのプロモーションなど、企業のブランド力を高めたり、競争力をつけて売上をあげるためのＰＲ戦略を実行したりすることは、市場の変化や時代の要請もあって実に多様化しているからです。

このような時代の流れに対応すべく、コーポレート・コミュニケーション本部やＣＳ推進部の新設など、柔軟な組織変更がこれからも重要だと考えています。

○組織改編によって攻めの部署へ

つまり、これまで〝受け手〟として日々のお客様対応にあたっていたお客様相談室は、より積極的にファンづくりという役割を担うことになったのです。

そうしたファンをつくるお客様対応を実現するべく、私たちお客様相談室では、次のような活動方針を掲げています。

お客様相談室活動方針「お客様本位の経営に貢献する」

カルビーの事業活動の考え方、活動の仕方をお客様本位の活動とするため、顧客接点の充実を図り、従業員の経営理念の理解を深めるように情報を発信し続ける

1. ご指摘対応強化
2. ご意見、ご要望の真因追究
3. お客様評価の向上
4. 対応支援活動

このような活動方針のもとで、カルビーでは本社のお客様相談室に加え、地域に密着した形で全国7か所に地域お客様相談室を設置していることはすでに述べたとおりです。

各地域お客様相談室では、ご指摘対応のためのお客様への訪問だけでなく、カルビーのファンであるお客様に対しても訪問やお手紙などでご意見を伺うことで、「お客様との結びつき」を強めています。

「カルビーの電話対応っていいね」
「カルビーの訪問説明っていいね」
「カルビーの報告書っていいね」

このように、「カルビーの○○っていいね」と思っていただき、カルビーに代わってカルビーのよいところを他の人に広めてくれる人こそが、カルビーのファンであると考えています。

そこで、お客様相談室が企業のファンづくりの先頭に立つ。そのような心構えで私たちは日々の業務に取り組んでいます。

カルビーの社員が、まずカルビーのファンになる

カルビーのファンづくりで、実はもうひとつ重要なポイントがあります。それは、カルビーで働く私たち社員自身がカルビーのファンであるということです。

カルビーの社内には「お客様に負けない」と自認するほどのカルビーファンの社員が実に多くいます。

自分たちの商品に自信をもち、自分たちの商品を愛し、そして自分の仕事に誇りをもつこと。当たり前のようですが、その当たり前のことができなければ、当然ながらファンであるお客様からの共感も得られないのではないでしょうか。

○インナーブランディングという考え方

そこで必要になってくるのが、「カルビー流　インナーブランディング」という考え方

です。

インナーブランディングとは、企業やお店が自らのブランドを社内の人間に浸透させる啓蒙活動のことを指しています。

カルビーもこうしたインナーブランディングで、まずは社内に多くのファンを育てることが大切だと考え、経営トップを中心に会社の環境、そして働き方の改革を推し進めてきました。

こうしたインナーブランディングには社内に自社のファンを生み出す以外にも、実にさまざまな効果があるといわれています。

たとえば、社員の離職率の低下などがあげられます。

インナーブランディングによって社員が誇りとやりがいをもって働くことができる環境をつくれれば、現場の社員はよりよい商品やサービスをお客様に提供することができるようになります。

また、社員が離職するのを防ぐことにもつながっていくので、より効率的な企業運営が実現できるようになっていきます。

そうした社内のファンづくりのための働き方改革に取り組んできた成果のひとつとして、

冒頭で述べたとおり、社内には、カルビーを長年愛してくださるお客様に負けないほどのカルビーファンが誕生しています。

○ヘビーユーザーは常に正しい

また、こうした社内のファンづくりは、カルビーの商品をほぼ毎日食べてくださるヘビーユーザーのお客様への対応という面でも、おおいに役立っているところがあります。というのも、そういったヘビーユーザーのお客様は、カルビーの商品を愛しているがゆえに、普通の人ならまず気がつかないような高いレベルでの不具合を私たちに教えてくれています。

これはまさに、社外の方に無償で品質検査員を担当していただいているようなもので、お客様相談室では「ヘビーユーザーのお客様のいうことは常に正しい。品質向上にもファンがひと役もふた役も買っているということに感謝して対応にあたらなければならない」と考えています。

ヘビーユーザーのお客様に安心して商品を楽しんでもらえるように、私たち社員もカルビーのファン目線をさらに養っていかなければなりません。

そうしたファン目線でお客様にしっかりと寄り添いながらも、お客様に負けないほどの商品知識を身につけ、品質管理を徹底するために、日夜努力をしていかなければならないのです。

「食感」の問い合わせによる自主回収で逆に高評価

企業におけるファンづくりは、ときに思いもしないことがきっかけとなる場合もあります。

○回収に至るケースとは

それは、２０１５年、カルビーの人気商品「じゃがりこ」の一部に食感の悪いものがあることを理由に、14万個の回収に踏み切ったときのことです。一般的に食品の回収は、次の2点に該当したときに実施を検討されるのが通例です。

1. 健康に危害がおよぶ事態

2. コンプライアンス上の不備がある場合

つまり、「食感」を理由にした回収というのは検討範囲外であり、ある意味においては前代未聞の出来事でした。

しかし、その回収は、カルビーにとってごく当然の行動だったのです。というのも、「じゃがりこ」という商品は、「かたさが特徴の商品です」とパッケージにも記載しているからです。にもかかわらず、お客様から「食感が悪い」というご指摘を続けて2件ほどいただいたので、回収に踏み切りました。

カルビーのお客様相談室として、こうしたご指摘が同じ工場で製造された商品に対して2件続けば「これはきっと何かある」と仮説を立てるようにしており、3件続けば「間違いない」という確信へ変わる、という意識をもつようにしています。

カルビーでは、お客様からお預かりした商品の記号で、何月何日の何時何分にどの工場のどの機械で製造されたのかがわかるようになっているので、さっそく調査を開始してみると、工場の機械オペレーション業務において、ある一定の時間にフライ油が不足していたことで熱量が足りず、本来の食感が微妙に変わってしまったということが判明しました。

つまり、お客様にお約束している「かたさが特徴の商品」とは違う商品が出荷されてしまっていたのです。

健康上の危害性や、コンプライアンス上の不備にはあてはまらない今回のようなケースでは、「回収するほどでもないのでは？」といった考え方もあるかもしれません。

また事実、「それだけのことで回収して破棄するなんて、食べ物を粗末にしてもったいない」というご意見も多くいただきました。

しかし、私たちは「じゃがりこ」の食感を楽しみに買ってくださっているファンの期待を裏切ってはいけない、と第一に考えました。

最初のご指摘から調査・原因究明、そして回収まで約３週間での対応に、多くのメディアからは「素早い対応と真摯で謙虚な姿勢」といった、カルビーを称賛する記事を掲載していただきました。

それらが、ネットやＳＮＳにまで拡散し、カルビーに非があったにもかかわらず称賛の声をいただけたのは、「お客様本位の徹底」のもと、過去の苦い経験を「カルビーのファンづくり」に活かせているからだと実感しました。

さらには、各部署がしっかりと連携し、全社的な取り組みが少しずつですが浸透してきた成果といえるのかもしれません。

○黒い虫が入っている!?

また、「じゃがりこ」で、お客様からよくいただくご指摘があります。

それは、「『じゃがりこ』に黒いものが入っていて、虫のように見えます。これは何ですか?」というものです。

こうしたお客様の声に対して、カルビーは「正直に、誠実に」という方針のもと、迅速かつ丁寧に対応するために、カルビーのコーポレートサイトに写真付きで説明しています。

「じゃがりこは、生のじゃがいもを使用して製造しています。

◆異物混入に見える!?　じゃがりこの黒い部分

※じゃがりこの商品中に残った【皮】

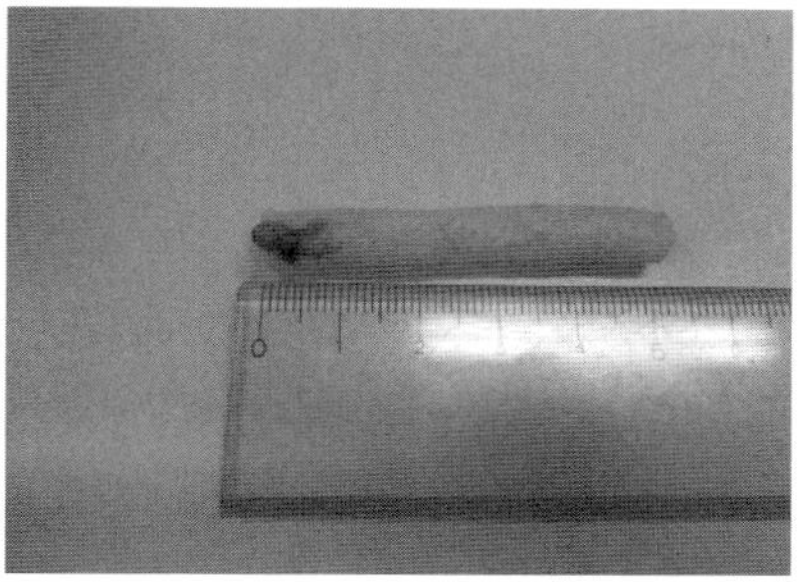

※じゃがりこの商品中に残った【芽】

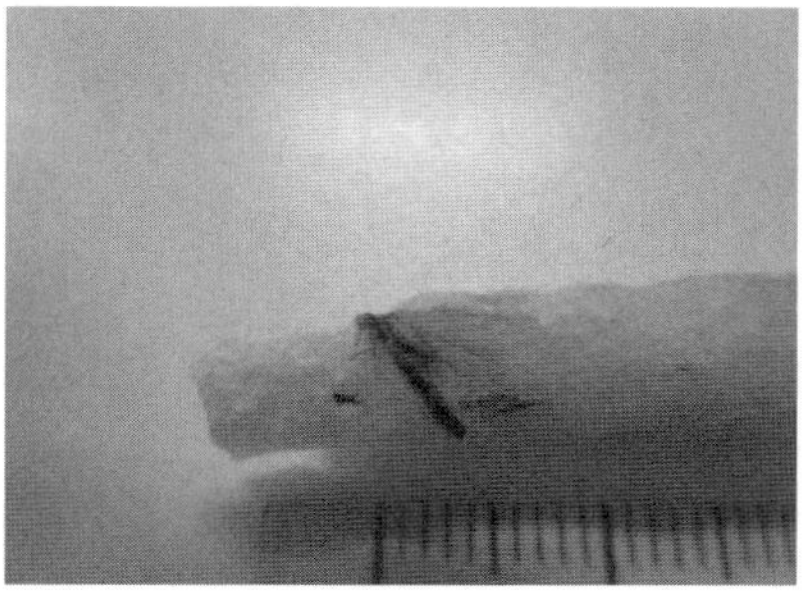

※じゃがりこの商品中に残った【打撲】

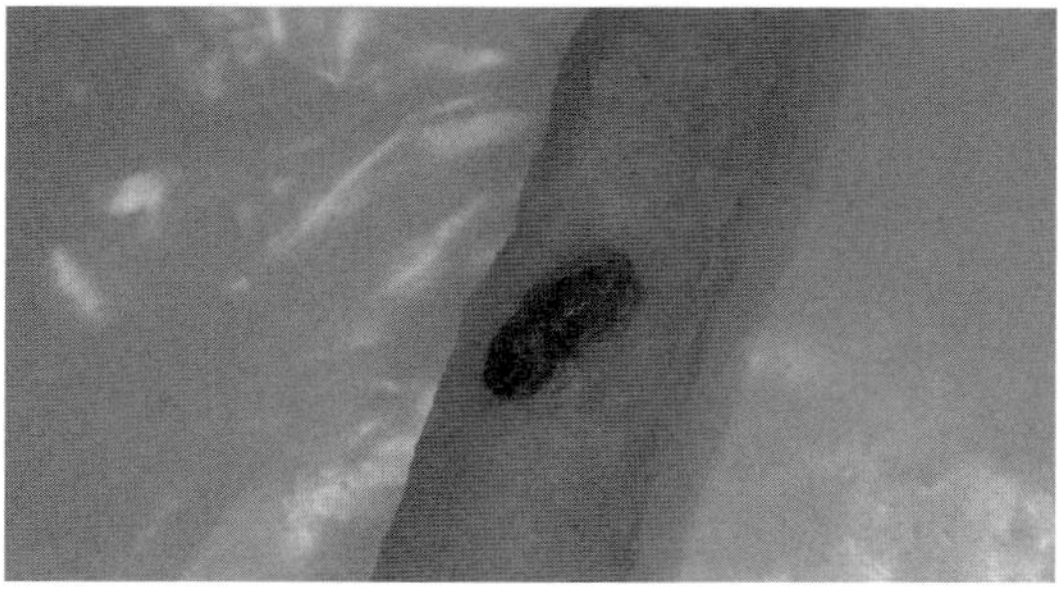

そのため、皮や芽が残ってしまったり、じゃがいもが収穫時から貯蔵、輸送中に受けた打撲や傷跡が加工時に取り除ききれずに残り、製品に入ってしまうことがあります。
皮や芽の場合は茶色や黒、打撲の場合は灰色や黒の硬い塊になることもあります」

多くの食品メーカーでは、文章のみの説明が多いなか、カルビーが写真まで掲載してお客様のご指摘にお応えする理由は、とてもシンプルです。

「カルビーをもっと好きになってもらいたい!」

この思いこそが、カルビーのファンづくりの根幹にあるからに他ならないのです。

おやつで正しい食習慣を学べる「カルビー・スナックスクール」

カルビーでは、お客様と積極的にコミュニケーションを図りながら、カルビーのファンになってもらうための一環として、小学校への食育授業「カルビー・スナックスクール」という取り組みを行なっています。

このスナックスクールは、お客様相談室が主体となって運営するものではありませんが、さまざまな接点を通してお客様を知るという意味で、お客様相談室の社員も活動に参加しています。ここで少しだけご紹介いたします。

○スナック菓子を通した食育活動

このスナックスクールは、次世代を担う子どもたちに、身近なおやつを通して、すこやかで楽しい食生活を送るために必要な「正しい食習慣」と「自己管理能力」を培ってもらいたい、そんなコンセプトでスタートしました。

この取り組みがはじまったのは、カルビーで働いている社員の子どもたちが通う小学校から配布された「夏休みの注意事項」というプリントがきっかけでした。

その注意事項に、「コーラとポテトチップスとカップラーメンは食べ過ぎないように」という内容が記載されていたのです。

たしかに、夏休みともなれば多くのお子様が適量以上のおやつを食べてしまいがちです。また、成長期にはお子様の体型も変化が著しいため、少しでも太ってくれば、「ポテトチップスが原因だ」という誤解をされる先生や親御さんも多くいらっしゃるようです。

そこで、カルビーでは現役の公立小学校勤務の栄養士さんと一緒に食育プログラムを制作し、そのひとつとして、全国の小学校でカルビー社員が出張授業する「スナックスクール」をはじめることにしたのです。

ちなみに、カルビーで推奨している「小学生のおやつの適量」をご存知でしょうか。

カルビーでは、ポテトチップスなら「小袋」（28グラム）を夕食の2時間前までにとることを目安としています。

実は、小学生のお子様の場合、体格や運動量、食べられる量に個人差があり、３食の食事だけでは必要な栄養素が十分に摂取できないこともあります。

つまり、栄養面から考えてもおやつは必要だけれども、どうしても「正しいおやつの食習慣」や、自己管理能力が多くのお子様にはまだ備わっていないことが、大きな問題点であることがわかってきたのです。

小学生の70％がおやつを食べている実態はあっても、「正しいおやつの食べ方」は学校では習いません。そのため、「食べ過ぎないように」といわれても、子供たちはどうしたらいいのかわからないことが問題であるとカルビーは考えました。

○題材が「おやつ」の授業は子どもにも大人気

スナックスクールでは、ポテトチップスという、とても身近な題材を取り上げて説明することで、受講される生徒のみなさんも興味津々で熱心に学んでもらっています。

内容としては、一日に食べてもよい分量を自分の目で見て実感として知る、またパッケ

◆食育に貢献する「スナックスクール」

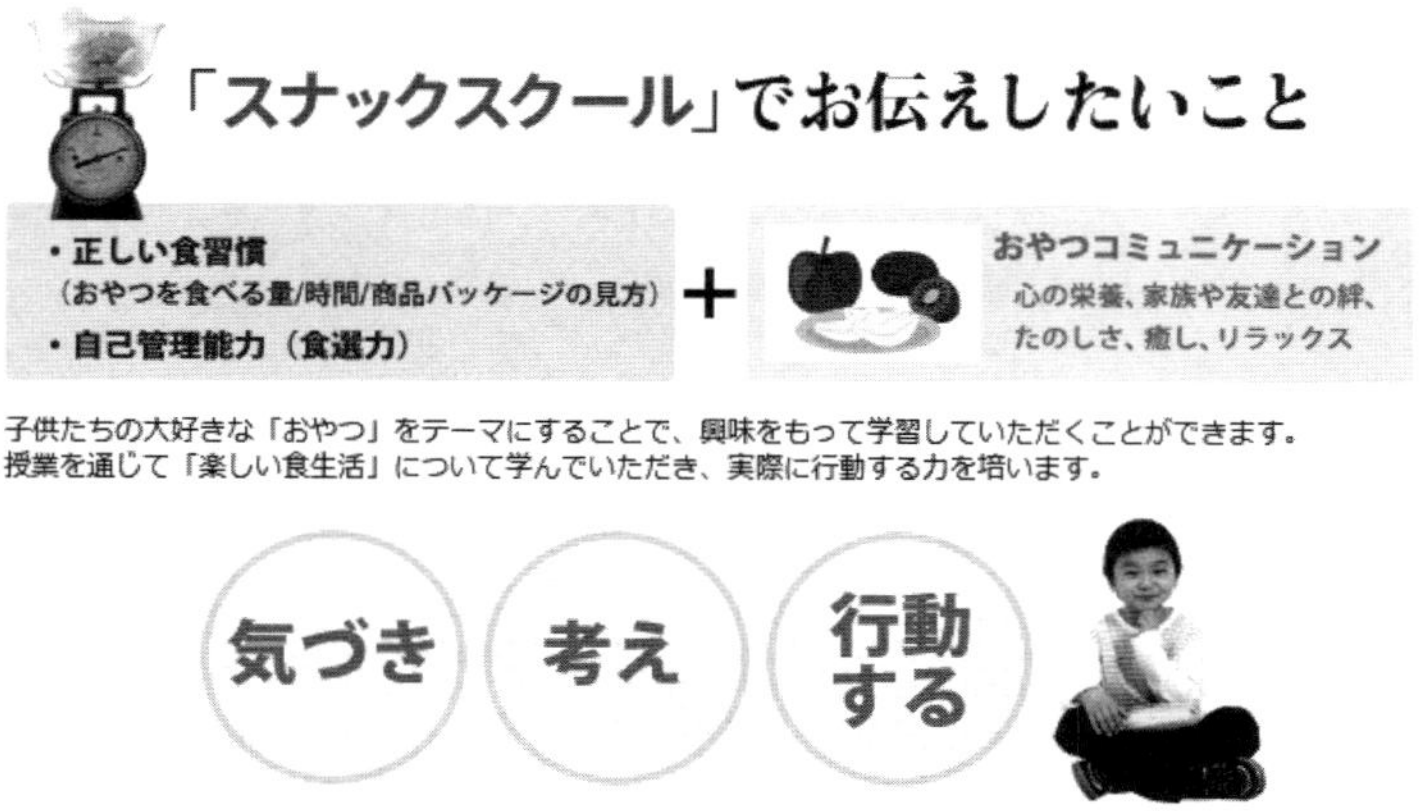
「スナックスクール」でお伝えしたいこと
・正しい食習慣
（おやつを食べる量/時間/商品パッケージの見方）
・自己管理能力（食選力）
＋
おやつコミュニケーション
心の栄養、家族や友達との絆、
たのしさ、癒し、リラックス
子供たちの大好きな「おやつ」をテーマにすることで、興味をもって学習していただくことができます。
授業を通じて「楽しい食生活」について学んでいただき、実際に行動する力を培います。
気づき
考え
行動する

ージにはどんな情報が書かれているのか、自分でお菓子を選ぶときにどこに気をつけたらよいか、などを学習できるプログラムが用意されています。

また、場合によっては保護者参観日に授業を行なうケースもあり、そこでは「楽しい食生活」についてお子様だけでなくご家族みなさんで学んでいただき、実際に食生活を改善する力を培ってもらいます。

この取り組みはとても大きな反響をいただき、２００３年に活動がスタートして以来、延べ６８８９校、50万人以上（２０１７年３月現在）の方にご参加いただいています。

お客様との双方向コミュニケーション

お客様相談室だけでなく、カルビーでは、会社全体で取り組んでいるファンづくりの一環として、ウェブサイト上にさまざまなコンテンツを用意し、お客様と双方向のコミュニケーションをより深めていきたいと考えています。

○「カルサポ！」

「カルサポ！」は、商品や店頭、メディアなどのさまざまな接点でカルビーに接しファンとなってくださったお客様が集うコミュニティサイトです。

「カルビーをもっと楽しく！　もっと身近に！」をテーマに、社内各部署と連携を取りながら、カルビーファン同士、あるいはお客様とカルビーが活発にコミュニケーションしています。

◆カルサポ！

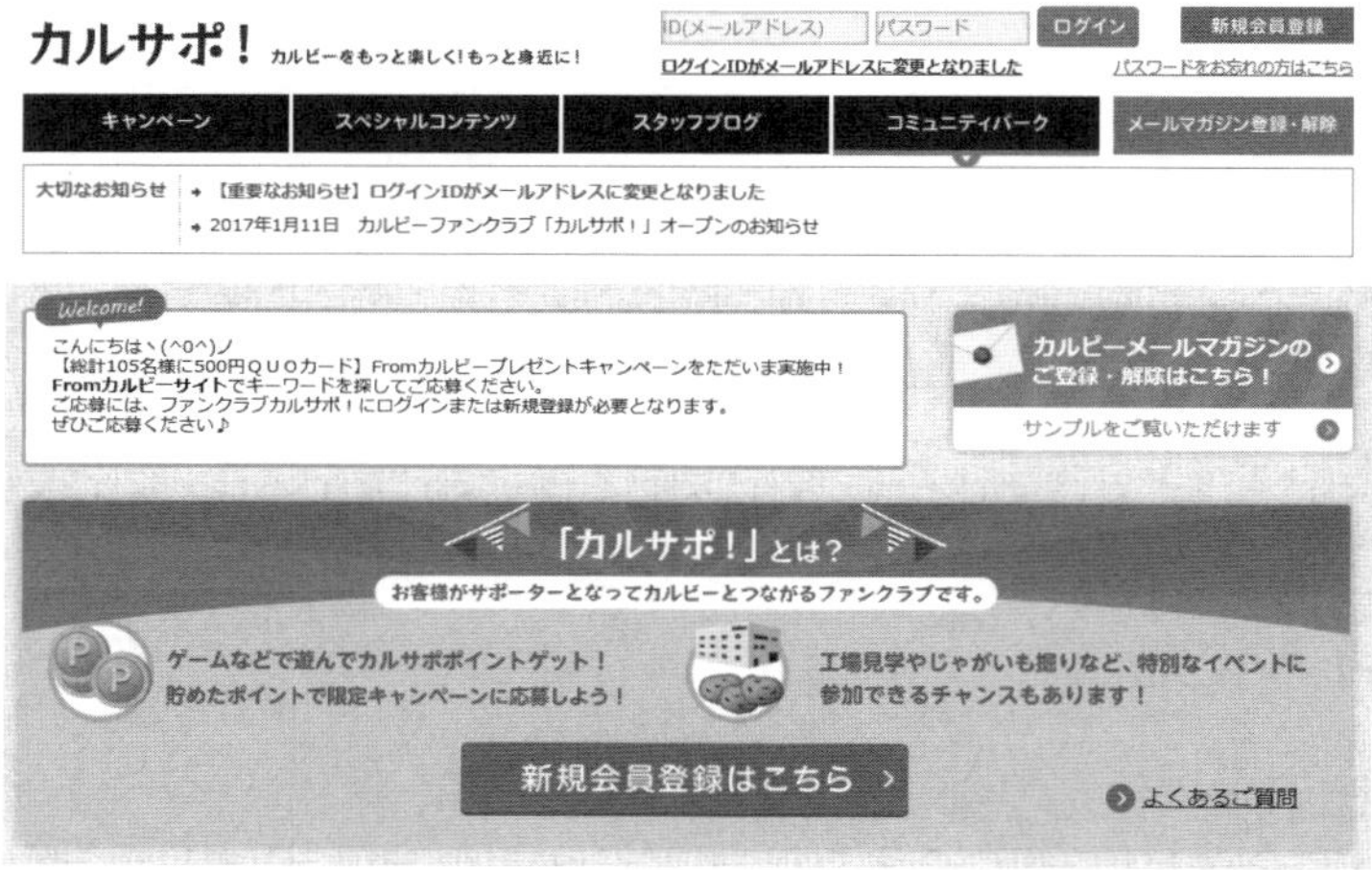

約70万人の会員様には、カルビーを「知って」「体験して」「語って」いただけるプログラムを提供しており、契約農家での収穫体験「じゃがいも掘り」や、ご自宅での栽培体験「じゃがいも見守り隊」、工場見学ができる「カルサポＤＡＹ」、商品を周囲の方にすすめていただく「商品オススメ隊」や「カルサポ・インタビュー」などにご参加いただいております。

また、もっと手軽にカルビーの仕事を体験いただけるよう、カルビー商品の原材料を仕分ける「カルビーオールスター工場」や、ウェブ上でじゃがいもを収穫する「じゃがじゃが収穫ゲーム」などのコンテンツも用意しています。

○「それいけ！じゃがり校」

「それいけ！じゃがり校」は、「じゃがりこ」を愛する人たちが集まったファンサイトです。２００７年2月の開校以来、難関の入学試験に合格した〝生徒〟たちが、新商品を開発したり、じゃがりこに関する知識を深めたりするなど、双方向コミュニケーションを図っています。

そのなかでも、実際の担当者たちが教職員として登場し、「じゃがりこ」の最新情報や商品の開発秘話を話す「朝礼」や、授業に参加することで付与されるポイントを集めてオリジナルグッズがもらえる「購買部」などが人気のコンテンツとなっています。

２０１５年度は、「じゃがりこ」の発売20周年を記念して、社会の授業に「じゃがりこミュージアム」をつくり、「じゃがりこ」の歴史を振り返ることができるコンテンツを追加しました。

◆それいけ！じゃがり校

また、じゃがり校のメインプロジェクトである「新商品開発プロジェクト」では、じゃがり校生が考案した１４００ものアイデアのなかで第1位に輝いた「じゃがりこ　おめで鯛味」が商品化されました。

実際の味やパッケージだけでなく、「じゃがりこ」の特徴でもある〝ダジャレ〟やプロモーション方法なども、じゃがり校生のアイデアをもとにつくられます。

このように、商品をつくる楽しさを体感していただくことが、ロイヤルティアップにもつながると考えています。

○アンテナショップの展開

カルビーでは、お客様と直接コミュニケーションできる、アンテナショップ事業を２０１１年からスタートしました。

２０１７年９月現在、駅・空港・観光地、商業施設など、国内外で12店舗のアンテナショップを展開しています。

お客様にカルビーの商品へのこだわりを体感いただく場として、またお客様のニーズを探索する場として、今後もアンテナショップを出店し拡大していく予定です。これによってお客様とのコミュニケーション力を向上させ、さらなるカルビーの進化につなげていきたいと考えています。

「すべてはお客様のため」地道な努力が業績につながる

○お客様相談室という「コスト」

これまで述べてきたような、さまざまなファンづくりの取り組みを実践するために、環境づくりや人材の育成などで、それなりの時間や労力、そしてコストもかかっていることは、いうまでもありません。

この点について、純粋にビジネスとして考えたときに、「そこまでやったら儲からないのではないか？」「数百円の商品をつくるのに、それでは儲からないのではないか」と疑問をもたれる方もいらっしゃいます。

たしかに、ごもっともな疑問です。

それでも、カルビーがお客様対応を含め、ファンづくりに対してここまで徹底して取り組んでいる理由は、前にも述べた大きな回収が2年続いたことからの反省と学びがあったからです。

たったひとりのお客様にご迷惑をかけた不具合によって、長い年月をかけて培ってきたブランド、商品、企業への信頼があっという間に崩れ去ってしまうということを強く思い知らされたのがきっかけです。

だからこそ、お客様対応のプロフェッショナル人材を育成し、社内で一丸となって可能な限りお客様対応の向上を目指した結果が、現在のカルビーの姿だといっても過言ではありません。

○「安全」「安心」そして「美味しい」

大きな回収から約17年が経過し、時代とともに社員も入れ替わっていきます。先輩社員たちのつらい経験を、時とともに薄れさせてしまうことのないように、次の世代にしっかりと引き継いでいかなければなりません。その意味で毎年2か月間行なっているのが「A・

Ａ・Ｏ活動」です。

この「Ａ・Ａ・Ｏ」は、「Ａ（安全）、Ａ（安心）、Ｏ（美味しい）」という言葉の頭文字をとって名づけられています。

これは、カルビーグループ全従業員を対象に実施している社内活動です。食品安全への意識を高めることで食品事故を起こさないことを目的にしています。

品質管理に直接関与していない多くの部署では「食品安全への意識を高める」ための具体的な活動がわかりにくいという課題があったため、この活動を全員参加で実施しました。

また、お客様相談室に寄せられる「お客様の生の声」を聴くことで、企業活動はお客様に支えられていることを再認識する、従業員による「お客様の声の傾聴（モニタリング）」を２０１４年から拡大しています。

もちろん、お客様対応において商業至上主義で効率化を図り、企業としてより利益を追求するという考え方もあるかもしれません。

しかし、私たちは、こうした地道な努力を積み重ねていくことによって、結果的にはファンが増え、それが好業績にもつながることを証明しようとしています。

おわりに

最後までお読みいただき、ありがとうございます。

本書では、1995年のお客様相談室設置から現在に至るまで、多くの相談室メンバーが築いてきた、お客様への対応についての全貌を余すことなく解説してきたつもりです。

それでも何が正解で、何が違うのか、正直に申し上げれば、その答えは今もわからないことだらけです。なぜなら、たとえ今の考え方や仕組みがベストだとしても、そのやり方がこの先もずっと通用するとは限らないからです。

やはりお客様対応という仕事は、個人の成長、企業の成長、さらには時代とともに変化していかなければならないものだと考えます。

本書の最後は、僭越ながらカルビーのお客様相談室を預かる立場（2013〜2016年度）であった私が、今年3月にカルビーという会社で定年を迎えるまで頑張ることができた、ちょっとしたエピソードをご紹介して締めくくりたいと思います。

今からおよそ20年前の1995年、「じゃがりこ」が発売されたばかりのときでした。

当時の私は、物流グループマネージャーとして西日本市場（中部以西）への「じゃがりこ」供給を担当していたのですが、発売されたばかりの「じゃがりこ」が異常なまでの売れ方をしていました。それは、スーパーやコンビニといった小売業者が販売するにあたって、「一日これだけ売れれば合格ライン」という基準の10倍以上という驚異的なデータを叩き出していたほどで、とても生産と供給が追いつかない状態でした。

ところが当時、西日本分の「じゃがりこ」を製造する工場はたったの一か所でした。それも当然のことで、まだ発売になったばかりの新商品をそれほど多くの工場で製造することは常識では考えられなかったからです。

もちろん、爆発的に売れたからといって新しい工場がすぐにできるわけではありません。そこで、それまでの朝9時から夕方5時までの製造体制を24時間体制に変更して需要対応の強化を進めましたが、それでもまったく出荷が追いつかない状態でした。

24時間体制で製造した「じゃがりこ」は、その日の午前12時前に生産数が決まります。

そこから商品の検品チェックが終わるまで2時間、深夜の2時に西日本の拠点に出荷する数量が決まり、そこから私が1時間ほどかけて出荷手配をしていました。

この状況では、会社を出るのはいつも夜中の3時でした。翌日もゆっくり出社できるわけもなく、通常どおり出勤しなければなりません。

こんな苛酷な日々が、新工場ができるまでの約1年間続きました。

「もう限界だ。絶対に辞めよう」

そう心に誓い、辞表を書きました。まるでドラマのシーンみたいに……。

ところが翌朝、辞表をもって会社に向かう通勤途中、道行く女子生徒たちがみんな、「じゃがりこ」をもって歩いているのを偶然見かけました。

すると、あるひとりの女子生徒がひと言、こういったのです。

「私、これにハマっちゃった！」

この言葉が、私の胸にグサっと突き刺さり、辞表を出すのをやめました。

私のカルビー人生は、こうしてひとりのお客様の声によって救われたのです。

最後に、お客様の対応にあたっているすべての方々にお伝えしたいことは、「今日もどこかで、あなたに感謝しているお客様がいる」ということです。そんなお客様の声、お客様の笑顔を想像することができれば、どんなに大変なことだってやり抜けるはずです。ぜひ、あなたの人生でお客様の「ありがとう」をたくさん増やしていってください。

「本がご縁となって新たなカルビーファンが生まれることにつながれば……」という社内からの後押しを受けて取り組んだことでしたが、本書ができあがるまでには多くの方に支えていただきました。とくに、出版プロデューサーの神原博之さん、日本実業出版社の編集部には大変お世話になりました。

心より、御礼申し上げます。

二〇一七年一〇月吉日

カルビーお客様相談室を代表して　大内　肇

カルビーお客様相談室

1995年、広報室内に創設。その後、その優先課題に対応しながらCRMグループ、営業本部、総合企画本部と所属が変遷してきた。2014年、新設の「コーポレート・コミュニケーション本部」内に組織され、お客様とのダイレクトコミュニケーションを司る部署として現在に至る。「地域お客様相談室」は2000年に全国7支店に設置。本社マネジメントではなく支店長直下の組織として、本社と連携し「より丁寧で洩れのないお客様対応」の実現を目指している。

カルビーお客様相談室《きゃくさまそうだんしつ》

クレーム客《きゃく》をファンに変《か》える仕組《しく》み

2017年10月20日　初版発行

著　者　カルビーお客様相談室

発行者　吉田啓二

発行所　株式会社日本実業出版社　東京都新宿区市谷本村町3－29 〒162-0845
大阪市北区西天満6－8－1 〒530-0047

編集部　☎03-3268-5651
営業部　☎03-3268-5161　振　替　00170－1－25349
http://www.njg.co.jp/

印刷・製本／図書印刷

この本の内容についてのお問合せは、書面かFAX（03－3268－0832）にてお願い致します。
落丁・乱丁本は、送料小社負担にて、お取り替え致します。

ISBN 978-4-534-05531-6　Printed in JAPAN